W0087880

Zielvereinbarungen und Jahresgespräche

Hailka Proske
Eva Reiff

Inhalt

Vorwort

Immer mehr Unternehmen führen strukturierte regelmäßige Gespräche ein: Zielvereinbarungsgespräche, Mitarbeitergespräche oder Jahresgespräche. Es gehört zu Ihren Aufgaben als Führungskraft, diese Gespräche mit Ihren Mitarbeitern durchzuführen.

Dies ist nicht immer eine leichte Aufgabe, denn von Ihnen wird dabei einiges gefordert: Sie müssen Ihre Erwartungen klar und konkret kommunizieren, Ziele motivierend und verständlich formulieren, die Leistungen des Mitarbeiters gerecht und nachvollziehbar beurteilen und auf die Bedürfnisse und Emotionen des Mitarbeiters eingehen und reagieren.

Dieser TaschenGuide liefert Ihnen eine Grundlage für die Durchführung der Gespräche. Sie erfahren, welche Bestandteile ein Jahres- bzw. Zielvereinbarungsgespräch hat. Checklisten und Schritt-für-Schritt-Anleitungen helfen Ihnen, sich auf die Gespräche vorzubereiten. Grundlagen der Gesprächsführung und Kommunikation geben Ihnen Hilfestellung bei der Durchführung. Zudem haben wir Tipps für einige schwierige Situationen unter „was tun, wenn..." zusammengestellt.

Wir wünschen Ihnen viel Erfolg bei Ihren zukünftigen Jahres- bzw. Zielvereinbarungsgesprächen

Hailka Proske und Eva Reiff

Wozu Sie Jahresgespräche führen und Ziele vereinbaren

Jahres- und Zielvereinbarungsgespräche sind für Sie als Vorgesetzter ein wichtiges Führungsinstrument und geben Ihren Mitarbeitern wertvolle Orientierung.

In diesem Kapitel lesen Sie,

- welche Inhalte das Jahresgespräch und die Zielvereinbarung haben (S. 6),
- welchen Nutzen die Gespräche für Sie und Ihre Mitarbeitern haben (S. 9) und
- welche Faktoren die Wirkung der beiden Instrumente positiv beeinflussen (S. 13).

Was sind Jahres- und Zielvereinbarungsgespräche?

Mit dem Jahresgespräch und der Zielvereinbarung stehen Ihnen zwei sehr wirkungsvolle Instrumente zur Verfügung, um Ihre Mitarbeiter zu führen und zu motivieren und Ihre Abteilung bzw. Ihr Unternehmen weiter voran zu bringen. Das Jahresgespräch und die Zielvereinbarung werfen – im Gegensatz zu tagesaktuellen Gesprächen – einen grundsätzlichen Blick auf die Leistungen und Aufgaben des Mitarbeiters sowie auf die Zusammenarbeit zwischen Mitarbeiter und Führungskraft. Daher unterstützen die Gespräche die Entwicklung der Mitarbeiter und Führungskräfte gleichermaßen und steuern das Arbeitsverhalten des Mitarbeiters.

Bestandteile eines Jahresgesprächs

In einem Jahresgespräch finden sich folgende Inhalte:

Die Zielvereinbarung

- Zielerreichung überprüfen
  Im Rückblick wird überprüft, inwieweit der Mitarbeiter die Ziele des vergangenen Jahrs erreicht hat und welche Gründe für ein eventuelles Nicht-Erreichen der Ziele vorliegen.

- Ziele vereinbaren
  Im nächsten Schritt formulieren Führungskraft und Mitarbeiter dann die Ziele des Mitarbeiters für das kommende Jahr.

Die Mitarbeiterbeurteilung

- Allgemeine Leistungsbeurteilung
  In diesem Gesprächsabschnitt werden die Arbeitsleistungen und das Arbeitsverhalten des Mitarbeiters allgemein beurteilt.

- Feedback zu Stärken und Schwächen
  Der Mitarbeiter erhält klare Aussagen über seine Stärken und Schwächen und erarbeitet gemeinsam mit dem Vorgesetzten Verbesserungsmöglichkeiten.

Entwicklungsbedarf und Potenzial des Mitarbeiters

- Ausgehend von der Zielerreichung und der Beurteilung werden Entwicklungsbedarf und Potenzial des Mitarbeiters besprochen und dazu Ziele und Maßnamen formuliert.

Zusammenarbeit zwischen Vorgesetztem und Mitarbeiter

- In diesem Teil steht der Austausch über die Zusammenarbeit im Vordergrund und wie diese in der Zukunft weiter verbessert werden kann.

In der Realität gibt es viele Varianten

Wenn wir hier von Jahresgesprächen und Zielvereinbarungen reden, ist es keineswegs für alle eindeutig, worum es geht. Z. B. werden in vielen Unternehmen die Begriffe Jahresgespräch und Mitarbeitergespräch gleichgesetzt. Wir gehen im Folgenden von der oben beschriebenen Variante des Jahresgesprächs aus. Einen genauen Ablauf dieses umfassenden

Jahresgesprächs mit ausführlicher Erläuterung der einzelnen Schritte finden Sie ab Seite 80.

Weitere Varianten sind:

- **Zielvereinbarung ohne Jahresgespräch:**
  In etlichen Unternehmen ist es üblich, das Zielvereinbarungsgespräch ohne Jahresgespräch zu führen. Es stellt dann einen Ausschnitt des Jahresgespräches dar und umfasst den Rückblick auf die Ziele des vergangenen Jahres mit der Prüfung der Zielerreichung, sowie die Erarbeitung der neuen Ziele fürs kommende Jahr. Auch hier wird der Mitarbeiter beurteilt, aber gezielt in Bezug auf die Erreichung (bzw. Nicht-Erreichung) der vorher vereinbarten Ziele.

- **Jahresgespräch ohne Zielvereinbarungen:**
  Natürlich gibt es auch Unternehmen, die nicht mit Zielvereinbarungen arbeiten und deshalb die Jahresgespräche ohne Zielvereinbarungen führen.

- **Zwei Termine für zwei Gespräche:**
  Ebenso gibt es Unternehmen, die die verschiedenen Elemente eines Jahresgesprächs trennen. Dafür gibt es gute Gründe: Einer der wichtigsten ist die leistungsorientierte Bezahlung. Unternehmen, die ihren Mitarbeitern leistungsorientierte variable Gehaltsanteile zahlen, welche beispielsweise an die Zielerreichung gekoppelt sind, oder Unternehmen, in denen die Gehaltsentwicklung an das Ergebnis der Beurteilung geknüpft ist, sehen häufiger eine Trennung dieser gehaltsrelevanten Gesprächsinhalte (Ziel-

vereinbarung und Beurteilung) von den reinen Entwicklungs- und Fördergesprächen vor.

Die Atmosphäre in Gesprächen, in denen Mitarbeiter in irgendeiner Art und Weise beurteilt werden, ist häufig von Unsicherheit und teilweise von Konfliktpotenzial geprägt – dies noch stärker dann, wenn die Beurteilung sich auch in finanziellen Gesichtspunkten niederschlägt,.

Dies steht einem offenen, vertrauensvollen Austausch über die Entwicklung des Mitarbeiters und über die Verbesserung der Zusammenarbeit oft im Weg. Daher trennen einige Firmen diese beiden Elemente. Dieses Verfahren ist aufwendiger, kommt aber der Verbesserung der Zusammenarbeit und der persönlichen Weiterentwicklung von Führungskraft und Mitarbeiter zu Gute – was letztendlich den Aufwand rechtfertigt.

Sinn und Zweck dieser Gespräche

Damit Sie als Führungskraft den größtmöglichen Nutzen aus diesen Gesprächen ziehen, ist es zunächst notwendig, den größeren Zusammenhang zu betrachten.

Jedes Unternehmen ist seinen grundsätzlichen Unternehmenszielen verpflichtet. Erfolgreiche Führungskräfte verstehen es, ihre Mitarbeiter für diesen übergeordneten unternehmerischen Auftrag zu gewinnen und zugleich das Potenzial ihrer Mitarbeiter auszuschöpfen.

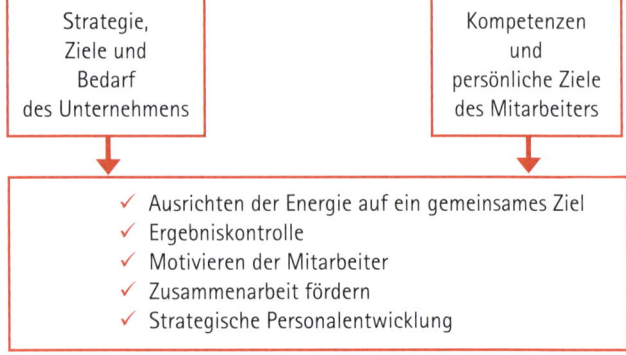

Ziele von Mitarbeiter- bzw. Zielvereinbarungsgesprächen

Wozu dient die Mitarbeiterbeurteilung?

Wenn Sie die Arbeitsleistung und Fähigkeiten Ihres Mitarbeiters beurteilen und sich mit ihm darüber im Gespräch austauschen, können Sie

- die gegenseitigen Erwartungen abgleichen,

- ihm Feedback über seine erbrachte Arbeitsleistung geben und ihm damit

- eine qualifizierte Einschätzung seiner Kompetenzen und Potenziale liefern sowie

- die Gehaltsentwicklung gezielt mit der Arbeitsleistung Ihres Mitarbeiters verknüpfen.

Letztlich ist die Beurteilung damit die Grundlage für eine bedarfsgerechte Personalentwicklung und für fundierte Personalentscheidungen.

Wozu dient eine Zielvereinbarung?

Als Führungskraft gehört es zu Ihren Aufgaben, die übergreifenden wirtschaftlichen Ziele des Unternehmens mit den persönlichen Zielen und Potenzialen Ihrer Mitarbeiter abzugleichen. Das Führen mit Zielen, das auch unter dem Begriff „Management by Objectives" bekannt ist, verfolgt deshalb drei Ziele:

- die Arbeitsleistung Ihrer Mitarbeiter in eine bestimmte Richtung zu lenken,
- die Arbeitsergebnisse Ihrer Mitarbeiter zu verbessern (auch mittels von der Zielerreichung abhängiger variabler Gehaltsanteile) und
- Ihre Mitarbeiter zu motivieren und zu fördern.

Der Nutzen für Sie und Ihre Mitarbeiter

Die Wirkung dieser Instrumente ist umso höher, je überzeugter Sie und Ihre Mitarbeiter von deren Nutzen sind. Sonst wirken Sie wenig überzeugend und Ihre Mitarbeiter ziehen nicht mit – die vereinbarten Ziele verpuffen.

Nutzen für Sie als Führungskraft

Mit der klaren Kommunikation der Ziele und Ihrer Erwartungen bzgl. der Arbeitsleistung Ihrer Mitarbeiter steuern Sie aktiv Ihre Mitarbeiter. Damit werden Sie Ihren ergebnisorientierten Aufgaben besser gerecht und tragen so zum wirtschaftlichen Erfolg des Unternehmens bei. Denn auch Sie selbst werden an den Arbeitsergebnissen Ihrer Abteilung gemessen.

Mit den Gesprächen können Sie als Führungskraft die Entwicklung Ihrer Mitarbeiter kontinuierlich begleiten und deren Potenziale im beiderseitigen Interesse ausschöpfen. Und die Gespräche bieten die Möglichkeit, Ihre Mitarbeiter aktiv zu beteiligen und Verantwortung an sie zu übertragen und können dadurch entlastend wirken.

Sie erhalten darüber hinaus Rückmeldung über das eigene Führungsverhalten. Dieses Fremdbild können Sie mit Ihrem eigenen Bild von sich als Führungskraft abgleichen und Auftreten und Verhalten überdenken und anpassen, falls Fremd- und Selbstbild voneinander abweichen.

Nutzen für Ihre Mitarbeiter

Durch die Formulierung von Zielen erhalten die Mitarbeiter Klarheit über Ihre Erwartungen und gewinnen somit Sicherheit, ihre Aufgaben strukturiert anzugehen. Werden diese Gespräche partnerschaftlich geführt, stärken sie Selbstständigkeit und Eigenverantwortung der Mitarbeiter.

Sie als Führungskraft können diese Gespräche bewusst nutzen, um die Leistungen Ihrer Mitarbeiter zu fördern und anzuerkennen. Der Mitarbeiter erhält Feedback von seiner Führungskraft und erfährt so, wie er wahrgenommen wird und wie sein Verhalten gewertet wird. Er hat damit die Chance, sein Verhalten zu überdenken und anzupassen.

Was die Wirkung der Gespräche beeinflusst

Ob Jahres- und Zielvereinbarungsgespräche als sinnvoll und motivierend für Führungskraft und Mitarbeiter empfunden werden, kann von verschiedenen Faktoren abhängen. Zwei sehr wichtige, die Sie nicht aus den Augen verlieren sollten, sind

- die emotionale Einstellung des Mitarbeiters und
- die wirtschaftliche Situation, in der sich das Unternehmen befindet.

Nehmen Sie dem Mitarbeiter mögliche Ängste

Vor allem, wenn Sie die Instrumente Zielvereinbarung und Jahresgespräch neu einführen, können bei Mitarbeitern Ängste entstehen, dass sie beurteilt werden. Daher ist es wichtig, dass Sie klarstellen, was beurteilt wird, nämlich nicht die Person des Mitarbeiters, sondern seine Leistung und sein Arbeitsverhalten im Unternehmen.

Ein anderer Aspekt, der Ängste auslöst, ist, dass Ihre Mitarbeiter nicht immer wissen, was mit den Beurteilungen gemacht wird, wer davon erfährt und wo sie abgelegt werden. Machen Sie den Umgang mit den Beurteilungen transparent. Und wenn Sie selbst sich bei diesen Fragen nicht sicher sein sollten, informieren Sie sich rechtzeitig bei der Personalabteilung bzw. den Verantwortlichen.

Harte Vorgaben oder Spielraum?

Steht ein Unternehmen unter starkem wirtschaftlichem Druck und gibt diesen in Form harter Zielvorgaben an die Mitarbeiter weiter, so wird das Zielvereinbarungsgespräch in den meisten Fällen eher als notwendiges Übel gesehen werden.

Beispiel: Wirkungslose Ziele

Die Führungskraft Herr Sturm ist sich der „Unerreichbarkeit" des von oben vorgegebenen Ziels bewusst: 150.000 € Einnahmen durch Abschlüsse für Produkt X im laufenden Jahr.

Er muss dennoch dieses Ziel an seine Mitarbeiter weitergeben und fühlt sich dementsprechend unwohl. Statt einer gemeinsamen Zielvereinbarung gleicht das Gespräch eher einer Zielvorgabe:

„Wie Sie ja wissen, haben wir von oben anspruchsvolle Ziele bekommen. Wir sollen dieses Jahr 150.000 € Einnahmen durch Abschlüsse für Produkt X erzielen. Das ist nicht ganz einfach, aber wir müssen da jetzt durch. Nun fangen Sie einfach mal an, dann sehen wir schon weiter. Haben Sie noch Fragen? Ansonsten, Sie können ja jederzeit zu mir kommen."

Solche Zielvorgaben werden erst Recht zur Farce, wenn das Zielvereinbarungsgespräch erst im März oder April des Jahres stattfindet.

Besteht aber ein gewisser Spielraum bei der gemeinsamen Suche nach Zielen, kann ein Zielvereinbarungsgespräch entscheidend dazu beitragen, die Kommunikation zwischen

Führungskraft und Mitarbeiter zu verbessern und motivierend für beide Seiten wirken.

Sie und Ihre Mitarbeiter müssen dahinter stehen

Ebenso verhält es sich mit den Jahresgesprächen: Gleicht die Beurteilung eines Mitarbeiters eher einem „Aburteilen", um z. B. die Auszahlung von Prämien so gering wie möglich zu halten oder werden die Jahresgespräche rein pro forma durchgeführt, weil sie von der Personalabteilung gefordert werden, dann wird der Effekt gleich null oder sogar eher negativ sein.

Sind die Beteiligten aber ehrlich daran interessiert, ihre eigene Leistung sowie ihre Zusammenarbeit zu verbessern (und damit sind sowohl Ihre Mitarbeiter als auch Sie als Führungskraft gemeint), dann können diese Gespräche eine große Wirkung entfalten und dazu dienen, die Kompetenz im Unternehmen auszubauen und seine Zukunft zu sichern.

Auf einen Blick: Bestandteile und Nutzen der Gespräche

- Das Jahresgespräch besteht aus sechs Abschnitten: dem Rückblick auf die Ziele des vergangenen Jahres, der Vereinbarung von neuen Zielen für das kommende Jahr, der Mitarbeiterbeurteilung, der Potenzialeinschätzung und Klärung des Entwicklungsbedarfs, der Reflektion und Weiterentwicklung der Zusammenarbeit zwischen Vorgesetztem und Mitarbeiter

- In vielen Unternehmen werden die Ziele in einem gesonderten Gespräch vereinbart, weil die Höhe der flexiblen Gehaltsbestandteile an die Zielerreichung gekoppelt ist.

- Das Abgleichen der Anforderungen, die das Unternehmen hat, mit den Zielen und Kompetenzen des Mitarbeiters ist für die Entwicklung des gesamten Unternehmens sehr förderlich.

- Die Wirkung des Jahresgesprächs ist abhängig von der Ernsthaftigkeit der Mitarbeiterbeurteilung. Die Wirkung der Zielvereinbarungen steht und fällt mit der realistischen Planung der Ziele.

Ihr Handwerkszeug

Um Ziele klar und effizient zu formulieren und das Verhalten Ihrer Mitarbeiter gut begründet zu beurteilen, gibt es hilfreiches Werkzeug.

In diesem Kapitel lesen Sie,

- wie Sie die Ziele für Ihre Mitarbeiter aus den übergeordneten Zielen Ihres Unternehmens herunterbrechen (S. 18) und klar formulieren (S. 23),
- was Sie bei der Beurteilung Ihrer Mitarbeiter beachten sollten (S. 28) und wie Sie typische Beurteilungsfehler vermeiden (S. 31),
- wie Sie sich mit den Arbeitsmitteln Beurteilungs- und Beobachtungsbogen auf das Gespräch vorbereiten (S. 33) und
- mit welchen Techniken Sie im Gespräch das gegenseitige Verständnis deutlich verbessern können (S. 38).

Wie Sie Ziele formulieren

Klare Ziele zu vereinbaren – klingt gut, ist aber nicht so einfach. Gerade bei der Zielformulierung kann man viel falsch machen. Daher bieten wir Ihnen zunächst einen kleinen Crashkurs an, wie Sie Ziele effizient und klar formulieren: Woher Sie die Ziele nehmen, welche Arten es gibt, wie Sie Ziele motivierend formulieren und so messbar machen, dass Sie ein Jahr später mit Ihrem Mitarbeiter auch beurteilen können, ob er die Ziele erreicht hat.

Woher kommen die Mitarbeiterziele?

„Herunterbrechen" lautet hier das zentrale Wort: Die Ziele des Unternehmens – die im besten Falle von der Geschäftsleitung anhand der Unternehmensvision und -mission entwickelt wurden – werden über die verschiedenen Hierarchieebenen heruntergebrochen bis hin zu Zielen für die einzelnen Mitarbeiter.

Unternehmensziele

Bereichsziele

Abteilungsziele

Mitarbeiterziele

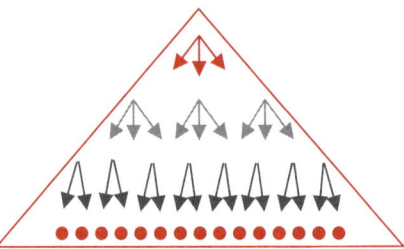

Herunterbrechen von Zielen

Damit sind Ziele und Arbeitsleistung der einzelnen Mitarbeiter, wenn man es „von unten" betrachtet, ausgerichtet auf das oberste Unternehmensziel. Stellt man die Arbeitsleistung wie in der folgenden Abbildung als Pfeil dar, ist leicht verständlich, warum es wirksam ist, die Arbeitsleistung auf übergeordnete Ziele auszurichten.

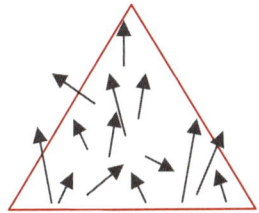 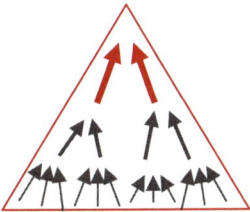

Die Ausrichtung von Zielen

Beispiel: Vorteil von Zielvereinbarungen

 In der Entwicklungsabteilung eines Unternehmens wird ohne Zielvereinbarung gearbeitet. Zwar wissen alle Mitarbeiter ungefähr, welche Projekte wichtig sind, doch sie haben einen relativ großen Spielraum bezüglich der Ausgestaltung Ihrer Arbeitszeit. Dies führt dazu, dass einzelne Mitarbeiter gerne an ihren „Lieblingsprojekten" arbeiten und andere vernachlässigen. Dadurch hindern sie andere Kollegen am Weiterarbeiten und bremsen so den Fortschritt in deren Projekten.

Dieselbe Abteilung im Konkurrenzunternehmen: Hier wird mit klaren Zielvereinbarungen gearbeitet, d. h. jeder Mitarbeiter weiß, dass das Ziel im ersten Quartal ist, im Projekt A die ersten drei Meilensteine zu erreichen und arbeitet dementsprechend daran. Die Mitarbeiter haben durch die klaren Ziele eindeutige Prioritäten gesetzt bekommen, wodurch die Arbeitsleistung im Team viel besser aufeinander abgestimmt ist.

Wie Sie Ziele herunterbrechen

Um Ziele herunterzubrechen, gibt es vier Möglichkeiten. Voraussetzung ist dabei selbstverständlich, dass Sie mit Ihrem Vorgesetzten bereits Ziele für die Abteilung bzw. Ihr Team vereinbart haben.

1 **Sie können Mengenziele aufteilen.** Wenn Sie z. B. im neuen Geschäftsjahr € 100.000 Umsatz im Bereich Lebensversicherungen erbringen müssen, können Sie dies anteilig auf Ihre 5 Mitarbeiter aufteilen.

2 **Sie können Ziele aufbrechen und als sich ergänzende Teilziele definieren.** Wenn als Ziel z. B. ein Vorschlag für eine Produktivitätssteigerung genannt ist, können Sie mit einem Mitarbeiter vereinbaren, dass er Informationen über die Produktionsweise der Konkurrenten gewinnt. Ein anderer Mitarbeiter analysiert den firmeneigenen Produktionsablauf. Aus diesen Analysen erarbeiten sie gemeinsam einen Vorschlag, wie die Produktivität zu steigern ist.

3 **Sie können ein Ziel unverändert an einen Mitarbeiter weiterreichen.** Wenn das Ziel lautet, im Osten neue Vertriebswege zu entwickeln, dann ist es einleuchtend, dass der Kollege, der für den Osten zuständig ist, dieses Ziel übernimmt.

4 **Sie können ein Ziel dem gesamten Team als Ziel setzen.** Wenn in einem Call Center die Wartezeit der Anrufer im Schnitt auf 30 Sekunden gesenkt werden soll, können Sie dieses Ziel mit dem gesamten Team vereinbaren.

Vorgegebene Ziele weitergeben

Oft haben Sie als Führungskraft nicht die Freiheit, mit Ihrem Mitarbeiter Ziele zu formulieren, weil Sie bereits Ziele von oben vorgegeben bekommen haben. Die Freiheitsgrade und damit die Möglichkeit zur Mitarbeitermotivation bestehen hier nicht im Formulieren des Ziels, sondern darin, einen geeigneten Weg zur Zielerreichung zu finden. Hier liegt Ihre Chance: Vermitteln Sie dem Mitarbeiter, dass er die Freiheit hat, den Weg selbst zu wählen!

Wenn Sie kein übergeordnetes Ziel erhalten

Es kann verschiedene Gründe haben, dass Sie kein übergeordnetes Ziel bekommen. Langwierige Abstimmungsprozesse auf Unternehmensebene, unklare Zuständigkeiten wegen Umbau oder Fusion bis hin zu der Möglichkeit, dass die Firmenleitung schlichtweg keine Ziele vorgibt. Tatsache ist, dass Ihnen damit das übergeordnete Ziel fehlt, das Sie an Ihre Mitarbeiter weitergeben können. Wie gehen Sie mit dieser Situation um? Sie haben zwei Möglichkeiten: Sie suchen den Kontakt nach oben und fordern Ziele und eine Strategie an oder Sie behelfen sich mit der zweitbesten Lösung und entwickeln Ziele für Ihre Abteilung, indem Sie die Strategie oder die Richtung Ihres Unternehmens als Ausgangspunkt Ihrer Überlegung nehmen.

Welche Arten von Zielen gibt es?

In der Regel sind mit Zielen Leistungsziele gemeint. Sie beziehen sich auf Fragen der Wirtschaftlichkeit, der Produktivität und der Innovation. Bedeutung gewinnen daneben zunehmend die Entwicklungsziele, die sich auf die Entwicklung des Mitarbeiters beziehen.

Leistungsziele

Leistungsziele sind eingebunden in die Zielstruktur des Unternehmens und beziehen sich mindestens auf einen der drei Aspekte von Leistung:

- **Wie viel?** Ein klassisches Beispiel für ein Leistungsziel aus dem Vertrieb von Versicherungen: „Pro Quartal werden 50 Abschlüsse erzielt".

- **In welcher Qualität?** Ein Beispiel aus der Produktion: „Der Ausschuss ist reduziert auf 2 %".

- **In welcher Zeit?** Hier geht es darum, die persönliche Arbeitseffizienz und -organisation zu optimieren. Ein Beispiel aus der Maschinenbauindustrie: Bei gleich bleibender Mitarbeiterzahl ist die Fertigungszeit einer Maschine um 5 Stunden reduziert.

> Leistungsziele müssen vom Mitarbeiter beeinflussbar sein. Hier gilt: Weniger ist mehr. Es sollten nicht mehr als drei Leistungsziele pro Zyklus der Zielvereinbarung, also z. B. pro Jahr, vereinbart werden.

Entwicklungsziele

Entwicklungsziele beziehen sich auf die Kenntnisse und Kompetenzen Ihrer Mitarbeiter. Leiten Sie die Entwicklungsziele aus den Anforderungen ab, die sich aus den Leistungszielen ergeben. Sinnvoll ist es zudem, Entwicklungsziele strategisch anzugehen und vorausschauend zu planen. Dazu prüfen Sie, welche Kompetenzen und Kenntnisse in Ihrem Team aufgebaut oder weiterentwickelt werden müssen, um zukünftigen Anforderungen gerecht zu werden. Nutzen Sie dazu am besten eine Tabelle, in der Sie in die senkrechte Spalte die erforderlichen Kompetenzen und Kenntnisse eintragen und horizontal dazu Ihre Mitarbeiter. Jetzt können Sie in der Tabelle kenntlich machen, welche Mitarbeiter welche Kompetenzen und Qualifikationen haben, und sehen dann, wo Lücken sind.

Beispiel

 Ein Entwicklungsziel für einen Mitarbeiter aus dem IT-Bereich einer Werbeagentur könnte heißen: „Wir stellen unsere interne Kommunikationsplattform auf Skype um. Herr Y eignet sich bis zum 1.11. dieses Jahres das notwendige Wissen zum Einsatz von Skype an sowie die Fähigkeit, eine Skype-Schulung für alle Mitarbeiter durchzuführen."

Wie Sie Ziele richtig formulieren

Wichtig ist, dass Sie Ziele sehr präzise formulieren. So beugen Sie Missverständnissen vor bei der Zielvereinbarung und später bei der Prüfung der Zielerreichung.

Drei Grundregeln

Für die Formulierung von Zielen gibt es drei Grundregeln, die Sie immer beachten sollten:

1 **Schreiben Sie Ziele immer auf.** Durch die schriftliche Fixierung werden sie verbindlicher und Sie zwingen sich zu einer genaueren Formulierung.

2 **Beschreiben Sie jedes Ziel, als sei es jetzt erreicht** (in der Wirklichkeitsform der Gegenwart), und nicht als einen Wunsch, der in der Zukunft liegt. Die Ziele werden dadurch plastischer und greifbarer.

Statt: Bis Ende dieses Jahres soll der Ausschuss bei der Produktion von Produkt x auf unter 3 % gedrosselt werden.

Besser: Der Ausschuss bei der Produktion von Produkt x liegt am 31.12. unter 3 %.

3 **Formulieren Sie Ziele als Ergebnisse** und verwechseln Sie die Ziele nicht mit den Maßnahmen. Maßnahmen sind – bildlich gesprochen – die Wege, auf denen sie das Ziel erreichen. Aber sie sind nicht das Ziel.

Ziel: Herr Y beherrscht die notwendigen Führungsfähigkeiten und hat die Projektleitung übernommen am 1.4. 20xx.

Maßnahme: Teilnahme an einer Schulung für Projektleiter, Mitarbeit an einem Projekt in leitender Funktion ab dem 1.4.20xx.

SMART: Ziele konkret, messbar und realistisch formulieren

Erarbeiten Sie die Zielformulierung gründlich mit Ihrem Mitarbeiter, damit Sie beide dasselbe unter dem Ziel verstehen! Die SMART-Kriterien helfen Ihnen dabei:

S wie spezifisch: Ist das Ziel konkret und eindeutig formuliert? Nur so kann sichergestellt werden, dass alle Beteiligten dasselbe darunter verstehen.

M wie messbar: Wann ist das Ziel erreicht? Ziele müssen eindeutige Kriterien enthalten, damit Sie überprüfen können, ob und wann das Ziel tatsächlich erreicht ist.

A wie angemessen: Ziele sind dann angemessen für den Mitarbeiter, wenn sie herausfordernd, aber auch erreichbar sind. Sind die Ziele zu niedrig angesetzt, erlahmt die Motivation. Sind sie zu hoch gesteckt oder sind es zu viele, wirken Ziele demotivierend.

R wie realisierbar: Kann der Mitarbeiter das Ziel mit den ihm zur Verfügung stehenden Mitteln und Fähigkeiten erreichen? Andernfalls sollte er wissen, wie er sich fehlende Kenntnisse und Fähigkeiten aneignen kann.

T wie terminiert: Nennen Sie in der Zielformulierung immer ein exaktes Datum, nie einen Zeitraum. So ist die genaue Kontrolle wesentlich einfacher.

Beispiel: So überprüfen Sie Ihr Ziel auf SMART

Ziel: Die Fehlerquote in der Sachbearbeitung liegt zum 30.10. dieses Jahres bei unter 10 %.

1. Ist das Ziel spezifisch genug? Ist es konkret und unmissverständlich? Beantwortet es Fragen wie: In welchem Bereich soll die Fehlerquote gesenkt werden und auf welches Niveau? Welche Arten von Fehlern sollen behoben werden? Spezifischer wäre also die Formulierung: Der Anteil der Kundenbriefe mit Tippfehlern sinkt von 20 % auf 10 %.

2. Ist das Ziel messbar? Dieses Ziel ist messbar. Ausgehend von unseren 10% darf noch einer von 10 Briefen einen Rechtschreibfehler enthalten.

3. Ist das Ziel angemessen? Überprüfen Sie, ob das Ziel zu hoch gesteckt ist. Oft ist ein niedrigeres aber erreichbares Ziel motivierender als ein zu engagiertes Ziel.

4. Ist das Ziel realisierbar durch den Mitarbeiter? Oder ist es von äußeren Einflüssen abhängig? Vielleicht geht es um Faktoren wie Konzentration, Störfaktoren und Höhe des Arbeitsaufkommens. Wie also kann der Mitarbeiter dazu beitragen, dass weniger Fehler gemacht werden? Evtl. ist es nötig, ein weiteres Ziel hinzuzunehmen, z. B. Abbau der Störfaktoren.

5. Ist das Ziel terminiert? In unserem Beispiel ist es das. Macht es eventuell Sinn, in Teilschritten von z. B. 2,5 % pro Quartal vorzugehen, um eine bessere Überprüfbarkeit zu erreichen?

Ziele im Team formulieren

Vielen erscheint es als eine schwierige, zeitraubende und mitunter lästige Aufgabe, die Mitarbeiter in die Zielfindung und -formulierung einzubinden. Doch ist das oft nur ein Vorurteil. Denn gemeinsame formulierte Ziele bieten erhebliche Chancen für Ihre Mitarbeiter und das Unternehmen:

- Ihre Mitarbeiter sind durch die Einbeziehung meist motivierter, die selbst mitentwickelten Ziele zu erreichen.

- Das Vertrauen ineinander wird gestärkt.

- Ihre Mitarbeiter kennen Ihre Erwartungen bezüglich der Aufgaben und Leistung besser.

- Sie können die Stärken und Schwächen Ihrer Mitarbeiter besser einschätzen und sie dementsprechend einsetzen.

- Sie nutzen die Erfahrungen und kreativen Potenziale der Mitarbeiter zum Vorteil der Abteilung und des Unternehmens.

- Sie fordern Ihre Mitarbeiter und geben Ihrerseits Erfahrungen und Wissen weiter und tragen damit zum Kompetenzaufbau in Ihrem Team bei.

So gehen Sie vor

Leitfaden: Ziele im Team formulieren
⬇ 1 Übergeordnete Ziele des Unternehmens besprechen
⬇ 2 Ihre Einflussmöglichkeiten betrachten
⬇ 3 Ein Abteilungsziel ableiten
4 Verantwortlichkeiten festlegen

1 **Übergeordnete Ziele des Unternehmens besprechen:** Stellen Sie die Oberziele der Organisation vor und klären Sie Verständnisfragen. Investieren Sie in diesen Punkt ruhig ein wenig Zeit. Menschen sind in der Regel umso motivierter, je besser sie verstehen, welcher Sinn mit dem Ziel verfolgt wird und welcher Nutzen sich für sie daraus ableitet (dies kann auch ein indirekter Nutzen sein, im Sinne von Sicherung des eigenen Arbeitsplatzes, Ermöglichung eines weiteren Karriereschrittes).

2 **Ihre Einflussmöglichkeiten betrachten:** Im nächsten Schritt diskutieren Sie mit Ihrem Team, an welchen Stellen Sie gemeinsam zum Erreichen dieses Ziels beitragen können. Welches sind die notwendigen Stellschrauben? Wichtig: In diesem Schritt erarbeiten Sie vor-

erst nur Ansatzpunkte für Verbesserungen, jedoch noch keine Lösungen für deren Umsetzung.

3 **Ein Abteilungsziel ableiten**
Wenn Sie sich für einen Ansatzpunkt entschieden haben, können Sie nun gemeinsam überlegen, wie ein entsprechendes Abteilungsziel lauten kann.

4 **Verantwortlichkeiten festlegen**
In diesem Schritt überlegen Sie gemeinsam, wer für welche Aufgaben die Verantwortung übernimmt. Am besten halten Sie dies in einem Plan (wer macht was mit wem bis wann) fest, den Sie regelmäßigen Abständen in Ihren Teamsitzungen kontrollieren.

Beispiel: Gemeinsam Teilziele entwickeln

 Vorgegebenes Ziel eines Forschungsinstituts war: Bis zum 1. April 2008 ist ein neuer Rohstoff in vorgegebener Qualität und Quantität zur Weiterverarbeitung bereit gestellt. Unter normalen Umständen wäre dieses Ziel nahezu unmöglich zu erreichen gewesen. Durch die Einbindung der betroffenen Mitarbeiter in die Ausgestaltung der nötigen Teilziele und Maßnahmen konnten Ideen gefunden werden, die die Zielerreichung wahrscheinlicher machten: u. a. das Arbeiten im Mehrschichtbetrieb, die Aufstellung einer weiteren Produktionsanlage und die Optimierung des Testverfahrens für den Rohstoff.

Wie Sie Mitarbeiter beurteilen

In diesem Abschnitt zeigen wir Ihnen, wie Sie bei der Beurteilung vorgehen und wie Sie typische Beurteilungsfehler vermeiden.

Was Sie beim Beurteilen beachten sollten

Beurteilungen treffen wir täglich und in der Regel ohne lange zu überlegen. Sicherlich treffen wir dabei nicht die schlechtesten Beurteilungen. Doch sind sie durch unsere Erfahrungen oder Tagesform geprägt. Das heißt, jede dieser Beurteilungen ist subjektiv. Bei der Mitarbeiterbeurteilung müssen Sie nun Ihren subjektiven Anteil an der Beurteilung möglichst klein halten. Zum einen erreichen Sie das, indem Sie eindeutige, beobachtbare Kriterien für die Beurteilung festlegen. Wollen Sie z. B. den Bereich „Arbeitsergebnisse" beurteilen, empfehlen sich die Kriterien Arbeitsmenge, -qualität und -effizienz, Belastbarkeit, Flexibilität und Sorgfalt.

Im Beurteilungsbogen ab Seite 32 finden Sie weitere Vorschläge für Beurteilungskriterien. Bevor wir Ihnen zeigen, wie Sie möglichst objektiv beurteilen, stellen wir typische Beurteilungsfehler vor.

Typische Beurteilungsfehler vermeiden

Wer Mitarbeiter beurteilt, kann Fehler machen. Wer aber die potenziellen Fehler kennt, kann sie vermeiden. Allen typischen Fehlern ist gemeinsam, dass man sich – bewusst oder unbewusst – von Eindrücken leiten lässt, die wenig oder nichts mit der geleisteten Arbeit oder dem Verhalten zu tun haben:

- **Überstrahlungs-Effekt**: Ein Beurteilungsmerkmal wird besonders positiv oder negativ bewertet und überstrahlt den Rest. Z. B. wird ein pünktlicher Mitarbeiter von seinem

Chef unbewusst auch als zuverlässig und verantwortungs-
bewusst eingestuft.

- **Der erste Eindruck zählt**: Spätere Informationen werden
  unbewusst geringer gewichtet.

- **Kleber-Effekt:** Längere Zeit nicht beförderte Mitarbeiter
  werden unbewusst unterschätzt und schlechter eingestuft.

- **Hierarchie-Effekt:** Mitarbeiter werden besser bewertet, je
  höher sie in der Hierarchie eingeordnet sind.

- **Lorbeer-Effekt:** Einmal erbrachte besondere Leistungen
  fließen immer noch in die Beurteilung ein, obwohl sie keinen Bezug zur aktuell erbrachten Leistung haben.

- **Ähnlichkeits-/Kontrasteffekt:** Eigene Werte werden als
  Maßstab für die Beurteilung genommen. Dazu gegensätz-
  liche Eigenschaften des Mitarbeiters werden schlechter
  oder extremer beurteilt, als sie es tatsächlich sind.

- **Konfliktvermeidung:** Der Beurteiler will Konflikte vermeiden und wählt daher – meist unbewusst – mittlere Bewer-
  tungen oder überdurchschnittliche.

- **Exempel statuieren:** Der Beurteiler hat ein hohes An-
  spruchsniveau und meint er müsse ein Exempel statuieren:
  Er gibt eine schlechtere Beurteilung ab.

Checkliste: So vermeiden Sie Beurteilungsfehler

1 Verwenden Sie Kriterien, die sich auf beobachtbares Verhalten beziehen und nicht auf die Persönlichkeit des Mitarbeiters.

2 Beschreiben Sie die Kriterien eindeutig, um den Spielraum für Fehlinterpretation zu minimieren.

3 Prüfen Sie, was genau bei diesem Kriterium zu bewerten ist. Und in welchen Situationen Sie zu diesem Kriterium den Mitarbeiter beobachten können.

4 Nutzen Sie eine breite Basis an Beobachtungen für Ihre Beurteilung. Dann ergibt sich ein klareres Bild, welche Verhaltensweisen oder Ergebnisse häufiger auftreten, und wann es sich um Ausnahmen handelt.

5 Überprüfen Sie Ihre Beobachtungen und Beurteilung selbstkritisch. Haben Sie den Mut, sich zu hinterfragen und seien Sie sich bewusst, dass Sie sich irren könnten.

6 Machen Sie nicht Ihre eigenen Werte und Ihr eigenes Verhalten zum Maßstab der Beurteilung, sondern beziehen Sie Ihre Beurteilung auf die gestellten Anforderungen des Arbeitsplatzes des Mitarbeiters.

Der Beurteilungsbogen

In den meisten Unternehmen gibt es standardisierte Beurteilungsbögen und damit ist dann auch vorgegeben, dass jedes Jahr alle Kriterien beobachtet und beurteilt werden müssen. Dennoch kann es Sinn machen, im Jahresgespräch bestimmte Schwerpunkte bezüglich der einzelnen Kriterien festzulegen. Binden Sie den Mitarbeiter in die Auswahl dieser Kriterien mit ein, indem Sie ihn fragen, welche Kriterien ihm wichtig sind und ob er dazu Ihr ausführliches Feedback wünscht.

Was bedeuten die Bewertungsstufen 1 bis 5?

Auf der nächsten Seite stellen wir Ihnen einen Beurteilungsbogen vor. Bitte beachten Sie: Die Mitte der Skala (die Stufe 3) stellt nicht eine Durchschnittsleistung dar, sondern steht für „Anforderungen zu 100 % erfüllt". Demnach entsprechen die Stufen 4 und 5 Leistungen, die über den Erwartungen liegen.

1 = Erwartung überhaupt nicht erfüllt
2 = Erwartungen teilweise erfüllt
3 = Erwartung voll erfüllt = 100%
4 = Erwartungen teilweise mehr als erfüllt
5 = Erwartung mehr als erfüllt

Beurteilungsbogen für Mitarbeiter/in:					
Datum:					
Funktion:					
Beurteilungszeitraum:					
I. Aufgaben des Mitarbeiters/ der Mitarbeiterin					
▪ …					
▪ …					
▪ …					
II. Beurteilung des Leistungsverhaltens					
Bewertungsstufen	1	2	3	4	5
Fachkompetenz					
▪ Fachwissen					
▪ Branchenkenntnisse					
▪ Lernbereitschaft					
Methodenkompetenz					
▪ Organisationsgeschick					
▪ Problemlösungsfähigkeit					
▪ Umgang mit Informationen					
Soziale Kompetenz					
▪ Kommunikationsfähigkeit					
▪ Teamfähigkeit					
▪ Konfliktfähigkeit					
▪ Kundenorientierung					
Selbstkompetenz					
▪ Eigeninitiative					
▪ Zielorientierung					

• Verantwortungsbereitschaft					
• Lernfähigkeit					
• Einsatzbereitschaft					
Arbeitsergebnis					
• Arbeitsmenge					
• Arbeitsqualität					
• Arbeitseffizienz					
• Belastbarkeit					
• Flexibilität					
• Sorgfalt/Gewissenhaftigkeit					
Tätigkeitsspezifische Kompetenzen					
• Präsentationstechniken					
• Moderationstechniken					
• Kundenfreundlichkeit					
• Verkäuferisches Geschick					
• Beratungskompetenz					
Führungskompetenz					
• Unternehmerisches Denken und Handeln					
• Entscheidungsfreude					
• Delegationsbereitschaft					
• Überzeugungsfähigkeit					
• Mitarbeiterführung					

Beispiel: Was die Bewertungen auf der Skala bedeuten

Denken Sie daran, dass die Bewertung in keiner Weise den Schulnoten entspricht. Eine Bewertung mit 3 bedeutet, dass der Mitarbeiter die Erwartungen voll erfüllt hat. Dafür ein Beispiel anhand des Kriteriums Belastbarkeit und drei verschiedenen Vertriebsmitarbeiterinnen:

Verhaltensbeispiel 1:
Frau A reagiert gereizt und unfreundlich auf aggressive Kunden. Sie gibt den Auftrag zur Weiterbearbeitung an einen Kollegen ab. Frau A erfüllt die Erwartungen überhaupt nicht. Sie bewerten ihre Belastbarkeit auf der Skala von 1 bis 5 mit der **Stufe 1.**

Verhaltensbeispiel 2:
Frau B reagiert gelassen und freundlich auch bei massiv verärgerten Kunden. Sie bewahrt den Überblick trotz starkem Termindruck. Frau B hat Ihre Erwartungen voll erfüllt. Sie bewerten ihre Belastbarkeit auf der Skala von 1 bis 5 mit der **Stufe 3.**

Verhaltensbeispiel 3:
Frau C schafft es mühelos, aufgebrachte Kunden zu beruhigen und das Geschäft zu einem positiven Abschluss zu bringen. Sie bietet den Kollegen trotz Termindruck jederzeit Unterstützung an. Frau C hat Ihre Erwartung mehr als erfüllt. Sie bewerten ihre Belastbarkeit auf der Skala von 1 bis 5 mit der **Stufe 5**.

Wichtig ist, dass Sie sich in Ihrer Abteilung, besser noch in Ihrem Unternehmen, darüber einig sind, wann ein Mitarbeiter die Anforderungen voll erfüllt hat (d. h. genau in der Mitte der Skala liegt), wann er darunter liegt und wann darüber. Erst die Konkretisierung der einzelnen Kriterien führt zu einer fairen Ausgangslage für die Beurteilung einzelner Mitarbeiter.

Notieren Sie unterjährig Ihre Beobachtungen

Sie kennen Ihre Mitarbeiter. Das ist gut so. Und doch steckt darin eine Gefahr für die Beurteilung. Kleinere, schrittweise Veränderungen im Verhalten des Mitarbeiters bleiben eventuell unbemerkt und die Beurteilung gleicht sich Jahr für Jahr. Beobachten Sie daher gezielt das Arbeitsverhalten und die Arbeitsergebnisse Ihres Mitarbeiters

- anhand der Kriterien, die Sie zuvor ausgewählt haben (siehe Beurteilungsbogen, Seite 33), und

- in konkreten Situationen, in denen sich das Kriterium am besten beobachten lässt.

Nutzen Sie, um Ihre Beobachtungen zu protokollieren, einen Beobachtungsbogen (siehe nächste Seite). Diese protokollierten Eindrücke helfen Ihnen, eine möglichst objektive Beurteilung im Mitarbeitergespräch durchzuführen. In der Beurteilung verwässern häufig Ihre eigenen Interpretationen die tatsächlich gemachten Beobachtungen. Als Trick hilft: Tatsächliche Beobachtungen sind das, was Sie sehen oder hören könnten, wenn Sie eine Video-Aufnahme der Situation betrachten würden.

Beispiel

 Sie beobachten Ihren Mitarbeiter Herrn Mayer dabei, wie er die Absatzplanung für den Monat Mai erstellt. Herr Mayer schaut dabei ernst und arbeitet mit vielen Pausen, in denen er in die Luft schaut. Sie interpretieren dies als lustloses und wenig engagiertes Arbeitsverhalten – und lassen dies in Ihre Beurteilung oder Ihr Feedback einfließen.

Herr Mayer fühlt sich mit dieser Beurteilung völlig unfair behandelt. Gerade bei dieser Tätigkeit achtet er immer auf besondere Sorgfalt und nimmt sich daher bewusst ausreichend Zeit, konzentriert sich und überprüft häufig gedanklich seine Aufstellung.

Hier sind zwei völlig unterschiedliche Interpretationen ein und derselben Situation entstanden.

Beobachtungsbogen

Name des Mitarbeiters:	
1. Kriterium: ...	
Gut zu beobachten in folgenden Situationen	
▪ ...	
▪ ...	
Datum	Beobachtung
2. Kriterium: ...	
Gut zu beobachten in folgenden Situationen	
▪ ...	
▪ ...	
Datum	Beobachtung

Geben Sie Ihrem Mitarbeiter auch unterjährig Feedback zu Ihren Beobachtungen. So unterstützen Sie seine Bemühungen, sich gezielt weiterzuentwickeln. Informationen zu solchen Feedbackgesprächen finden Sie ab Seite 118.

Gesprächstechniken: Wie Sie verständlich kommunizieren

Zusätzlich zum bisherigen Handwerkszeug stellen wir Ihnen hier kurz die Grundlagen der Kommunikation sowie wichtige Gesprächstechniken (ab Seite 44) vor, die selbstverständlich auch in vielen anderen Situationen, aber insbesondere für das Jahresgespräch, die Zielvereinbarung und die Mitarbeiterbeurteilung sehr nützlich sind.

Kommunikation ist nie eindeutig

Gespräche scheinen so einfach zu sein. Man sagt etwas und meint, dass der andere es genau so versteht. Doch das ist leider nicht immer der Fall. Häufig kommt es zu Missverständnissen. Warum das so ist, lässt sich anhand des Sender-Empfänger-Modells nachvollziehen.

Das Modell verdeutlicht, durch welche Filter die Botschaften des Senders laufen, bevor sie beim Empfänger ankommen. Der Sender verpackt seine Botschaft in Zeichen (das sind Worte, aber auch Gestik, Mimik, Stimme, Haltung und anderes). Abhängig von verschiedenen Filtern (Erfahrungen, Vorannahmen, physischer Zustand, Umgebung oder Stimmung) trifft er eine Auswahl der Informationen: Er lässt bestimmte

Informationen weg, andere betont er oder gibt ihnen eine Färbung, z. B. durch Mimik und Tonfall.

Der Empfänger wiederum nimmt diese Botschaften durch zahlreiche Filter auf – und interpretiert sie, gewichtet und bewertet sie. Zwischen dem, was ein Sprecher sagen möchte und dem, was beim Zuhörer ankommt, liegen manchmal Welten und daher viel Potenzial für Missverständnisse.

Besser verstehen mit dem Vier-Seiten-Modell

Das Vier-Seiten-Modell, das von Friedemann Schulz von Thun entwickelt wurde, ist ein hilfreiches Instrument, mit dem Sie Ursachen von Missverständnissen leichter nachvollziehen und diese somit vermeiden können. Die These: Wenn Sie Ihrem Mitarbeiter etwas sagen, dann beinhaltet Ihre Mitteilung

- einen **Sachinhalt** (eine Nachricht, die die Sache betrifft),
- einen **Beziehungsaspekt** (Sie sagen etwas über Ihre Beziehung zu Ihrem Mitarbeiter),
- eine **Selbstoffenbarung** (Sie treffen eine Aussage über sich selbst) und
- einen **Appell** (Sie fordern Ihren Mitarbeiter zu etwas auf).

Die vier Seiten sind häufig unbewusst, d. h. sie werden nicht explizit ausgedrückt, Missverständnisse sind vorprogrammiert.

Vier Seiten einer Nachricht

Beispiel

 Sie kennen die Situation, wenn jemand in ein Zimmer kommt und sagt: „Hier ist es aber kalt." Hört jemand den Sachinhalt könnte er bestätigen: „Stimmt, es sind nur 18 ° C". Hört er den Appell in dieser Botschaft, so wird er wahrscheinlich aufstehen und die Heizung hochdrehen.

Die vier Seiten Ihrer Mitteilung können, je nachdem, mit wem Sie sprechen, auch unterschiedlich verstanden werden: Hierarchieebenen, die Art der Beziehung zwischen Ihnen und Ihrem Mitarbeiter, dessen emotionale Befindlichkeit und seine Selbsteinschätzung spielen dabei eine Rolle.

Beispiel

 Herr Braun fragt zuerst Herrn Leicht und später Frau Simon: „Wie läuft das Projekt X?" Die vier Seiten der Botschaft von Herrn Braun lauten:
Sachinhalt: Herr Braun kennt den Stand bei Projekt X nicht und will ihn wissen.
Appell: Sagen Sie mir, was der Stand ist!
Beziehung: Ich kann von Ihnen erwarten, dass Sie es wissen.
Selbstoffenbarung: Ich bin gerade nicht auf dem Laufenden.

Herr Leicht glaubt, dass sein Chef ihn für einen schlechten Mitarbeiter hält. Er könnte seine Frage so auffassen:

Sachinhalt: Herr Braun kennt den Stand bei Projekt X nicht und will ihn wissen.

Appell: Schauen Sie, dass Sie alles besser im Griff haben!

Beziehung: Sie sind ein unzuverlässiger Mitarbeiter. Wahrscheinlich sind Sie – wie so oft – zu spät dran.

Selbstoffenbarung: Ich bin ungeduldig.

Frau Simon ist überzeugt, dass Herr Braun ihre Arbeitsweise schätzt. Sie könnte seine Frage so verstehen:

Sachinhalt: Herr Braun kennt den Stand bei Projekt X nicht und will ihn wissen.

Appell: Bringen Sie mich auf den Stand der Dinge!

Beziehung: Sie kennen sich im Moment besser aus, daher frage ich Sie.

Selbstoffenbarung: Ich habe mich in letzter Zeit nicht darum gekümmert.

So nutzen Sie das Vier-Seiten-Modell in Gesprächen

Seien Sie sich also bewusst, dass in einem Jahresgespräch viele verschiedene Botschaften mitschwingen. Wenn Sie feststellen, dass eine von Ihnen sachlich gemeinte Botschaft missverstanden wird und Ihr Mitarbeiter emotional reagiert, klären Sie das Missverständnis auf und wiederholen Sie in anderen Worten den Sachinhalt Ihrer Mitteilung. Wenn Sie an Ihren Mitarbeiter eine Botschaft auf der Appellebene senden wollen, machen Sie dies deutlich, z. B. indem Sie sagen: „Mir ist es wirklich wichtig, dass Sie …!".

Achten Sie auf die Sach- und Beziehungsebene

Hilfreich ist das Vier-Seiten-Modell auch, wenn man es direkt auf den Ablauf des Jahresgesprächs bezieht. Denn jede Phase hat einen Nutzen auf der Sachebene und einen auf der Beziehungsebene (die Aspekte Appell und Selbstoffenbarung vernachlässigen wir hier). Die nachfolgende Tabelle gibt Überblick über die Wirkung der einzelnen Gesprächsphasen auf diesen beiden Ebenen.

Sachebene	Beziehungsebene
Einstiegsphase	
• Mitarbeiter begrüßen • Mitarbeiter Übersicht über Themen und Ablauf geben • Themenwünsche des Mitarbeiters abfragen	• Mitarbeiter ankommen lassen • Angst abbauen; das Eis brechen • Erwartungen und Bedürfnisse des Mitarbeiters einbeziehen
Inhaltliche Phase	
• Geplante Inhalte transportieren • Unterschiedliche und gemeinsame Sichtweisen darlegen • Lösungsideen entwickeln • Vereinbarungen treffen	• Verständnis für unterschiedliche Sichtweisen herstellen • Beteiligung des Mitarbeiters sicherstellen • Selbstverpflichtung und Motivation des Mitarbeiters stärken

Abschlussphase

- Gespräch zusammenfassen und Ergebnisse sichern
- Reflektion zum Gespräch
- Gespräch abschließen

- Mögliche Einwände bzgl. der Vereinbarung abfragen
- Zufriedenheit über Gesprächsverlauf abfragen
- Gespräch emotional abschließen

Wie Sie eine gute Gesprächsbasis aufbauen

Eine gute Gesprächsbasis ist immer hilfreich: Z. B. wenn Sie Ihrem Mitarbeiter kritisches Feedback geben oder Genaueres über sein Befinden, Fühlen und Denken erfahren wollen. Sicherlich haben Sie schon beobachtet, dass Menschen, die einen guten Draht zueinander haben, sich in vielen Dingen angleichen: Sie sprechen in ähnlicher Geschwindigkeit und Lautstärke, nehmen eine ähnliche Körperhaltung ein und vieles mehr. In der Psychologie wird diese Verhalten „Rapport" genannt. Und diese Beobachtung lässt sich in der umkehrten Richtung einsetzen: Durch die vorsichtige Angleichung von Körperhaltung, Sprechstimme und Bewegungen, können Sie einer Situation einen vertrauensvollen und positiven Charakter geben.

Aus einer wertschätzenden Haltung heraus und mit dem Wunsch, den anderen besser kennen zu lernen und zu verstehen, bauen Sie Rapport mit Ihrem Gesprächspartner auf, indem Sie sich angleichen in

- Ihrer Körperhaltung,

- Ihre Körperbewegungen,

- der Lautstärke Ihrer Stimme,

- Ihrer Sprechgeschwindigkeit,

- Ihrer verwendeten Sprache, d. h. benutzt er viele Fachbegriffe oder redet er eher umgangssprachlich.

Achten Sie darauf, dass Sie Ihren Gesprächspartner nicht platt nachahmen. So erzeugen Sie eher Misstrauen und Irritation.

Wie Sie deutlich formulieren

Das Jahres- und Zielvereinbarungsgespräch ist *die* Gelegenheit, jenseits des Tagesgeschäfts Ihre Erwartungen an den Mitarbeiter zu formulieren – und zwar in Bezug auf sein Arbeitsverhalten und sein Arbeitsergebnis. Tun Sie dies klar, eindeutig und konkret.

> Nichts ist für den Mitarbeiter demotivierender als wachsweiche, verwässerte Aussagen und ein „um-den-heißen-Brei-herum-Reden".

- **Vermeiden Sie Weichmacher**
  Streichen Sie Wörter wie „manchmal", „etwas", „vielleicht", „eigentlich" aus Ihrem Vokabular. Menschen nutzen solche Weichmacher oft, weil sie den Gesprächspartner nicht verletzten wollen. Aber auch, weil sie sich selbst zu wenig Gedanken darüber gemacht haben, was genau sie sagen wollen. Vermeiden Sie dies, indem Sie sich vorbereiten und klarmachen, worauf Sie hinauswollen.

- **Sprechen Sie für sich**
  Sagen Sie „ich" und verstecken Sie sich nicht hinter dem unpersönlichen Wort „man".

- **Formulieren Sie in der Wirklichkeitsform (Indikativ)**
  Vermeiden Sie die Möglichkeitsform (Konjunktiv). Sagen Sie: „Ich erwarte …" und nicht: „Sie sollten …" oder „Könnten Sie …?"

- **Nennen Sie Beispiele**
  Untermauern Sie Ihre Einschätzungen mit Beispielen. Dann kann der Mitarbeiter nachvollziehen, aufgrund welcher Eindrücke Sie Ihre Einschätzung getroffen haben.

- **Weniger ist mehr**
  Der Mensch kann sich nur ca. 7 Punke auf einmal merken. Konzentrieren Sie sich daher auf wenige, aber für die Arbeit relevante Punkte.

- **Erklären Sie, was Ihnen wichtig ist**
  Erklären Sie wichtige verwendete Begriffe, wie z. B. „Pünktlichkeit". Denn selbst wenn Sie sich darauf einigen, dass der Mitarbeiter seine Pünktlichkeit verbessern wird, können Sie immer noch völlig unterschiedliche Ansichten darüber haben, wann jemand pünktlich ist.

- **Vergewissern Sie sich**
  Klären Sie, ob bei Ihrem Mitarbeiter angekommen ist, was Sie ihm mitteilen wollten, indem Sie ihn zum Ende eines Gesprächsabschnittes fragen: „Ich bin mir nicht sicher, ob ich alle wichtigen Aspekte dargestellt habe?". Machen Sie eine Sprechpause. So geben Sie Ihrem Mitarbeiter Gelegenheit, seinerseits noch wichtige Aspekte einzubringen.

Aktives Zuhören

„Zuhören – klar, kann ich das. Mach ich doch auch". Von wegen. Denn Zuhören, noch dazu „aktives Zuhören", ist nicht so leicht, wie man meinen könnte, und braucht Übung.

> Zuhören ist einer der wesentlichsten Bestandteile in einem konstruktiven Gespräch – und einer der am meisten unterschätzten.

Die Vorteile dieser Gesprächstechnik sind eindeutig:

- Für die Beziehung zum Gesprächspartner: Durch aktives Zuhören entsteht eine Atmosphäre der Sicherheit, der Partner fühlt sich wertgeschätzt und akzeptiert.

- Für den Inhalt: Das Gespräch gewinnt an inhaltlicher Substanz, es werden klare Lösungen erreicht, ohne Missverständnisse zu produzieren.

Stufe 1:
Sie hören bewusst und aufmerksam zu.

Stufe 2:
Sie fassen das Gesagte zusammen und fragen, ob Sie es so richtig verstanden haben.

Stufe 3:
Sie nehmen Gefühle Ihres Gesprächspartners wahr.

Aktiv zuhören in drei Stufen

1. Stufe: Bewusst und aufmerksam Zuhören

Auf dieser Stufe geht es zunächst darum, wirklich hinzuhören. Unterbrechen Sie Ihren Gesprächspartner nicht und lassen Sie ihm Zeit, seine Gedanken zu formulieren. Im Alltag sind Menschen meist schon dabei, Ihre eigene Haltung zu dem Gesagten zu überprüfen und eine Antwort zu formulieren. Versuchen Sie dies nicht zu tun, sondern bleiben Sie mit Ihrer Aufmerksamkeit beim Gesprächspartner. Mit folgendem Verhalten zeigen Sie, dass Sie im Kontakt zu Ihrem Gegenüber sind: einfaches Nicken, interessierter Blickkontakt und Äußerungen wie „mmhm" oder „ja".

Für die Kommunikation ist es hilfreich, wenn solche Signale gesendet werden. Das bedeutet nicht, dass Sie dem Inhalt der Nachricht zustimmen, es ist lediglich ein Signal dafür, dass die Nachricht bei Ihnen angekommen ist.

2. Stufe: Inhalte zusammenfassen und nachfragen

In dieser Phase zeigen Sie, dass Sie „verstehen wollen". Sie fassen die Inhalte mit eigenen Worten zusammen, indem Sie z. B. die Schlüsselbegriffe wiederholen und paraphrasieren.

- Sie denken also, dass ...
- Ich höre heraus, dass Sie der Auffassung sind ...
- Wenn ich Sie richtig verstehe ...
- Sagen Sie mir, wenn ich mich irre ...
- Ich sehe, am meisten interessieren Sie sich in diesem Projekt für die folgenden Punkte: ...

Fragen Sie nach! So zeigen Sie Interesse an Ihrem Gesprächspartner, ermuntern ihn zum Weiterreden und klären, wenn Sie etwas nicht verstanden haben:

- Habe ich Sie richtig verstanden ...?

- Meinen Sie, dass ...?

Diese Stufe hat zwei Vorteile: Sie verkleinert das Potenzial für Missverständnisse erheblich, weil Ihr Gesprächspartner die Chance hat, Sie zu korrigieren, wenn Sie ihn falsch wiedergeben. Der zweite und mindestens genauso wichtige Punkt ist, dass Sie Ihrem Mitarbeiter wirklich zuhören, ihn somit besser kennen lernen und ihm gegenüber Wertschätzung zeigen.

3. Stufe: Gefühle wahrnehmen und ansprechen

In diesem Schritt wiederholen Sie nicht nur das Gehörte, sondern Sie richten Ihre Aufmerksamkeit auch auf die Gefühle Ihres Gesprächspartners. Dies gibt ihm die Chance, seine Gefühle besser wahrzunehmen und Ihre Aussage gegebenenfalls zu korrigieren: „Und das macht Ihnen Angst?" – „Nein, das macht mich wütend." Wichtig: Es geht darum, die Gefühle zu beschreiben, nicht darum, diese zu bewerten oder zu interpretieren!

Beispiel: Aktiv zuhören in drei Stufen

Ihre Mitarbeiterin Frau Baum: „Das ist jetzt schon das dritte Jahresgespräch, bei dem Sie mir für meinen Auslandswunsch eine Absage erteilen, bei Frau Keller ging das schneller."

Antworten auf den drei Stufen des aktiven Zuhörens:

Stufe 1: „Ja, das stimmt."

Sie haben Ihrer Mitarbeiterin zugehört und ihr signalisiert, dass Sie Ihrer Aussage auf der sachlichen Ebene zustimmen.

Stufe 2: „Sie finden also, dass Frau Keller schneller die Möglichkeit bekommen hat, ins Ausland zu gehen."

Hier stellen Sie Ihre eigene Meinung zurück und laden Ihre

Mitarbeiterin durch Ihre Wiederholung dazu ein, sich weitergehend zu dem Thema zu äußern.

Stufe 3: „Es ärgert Sie, dass ich Ihnen Ihren Wunsch wieder ausschlage. Insbesondere weil Frau Keller nun eine Zusagen bekommen hat. Sie finden das ungerecht. Stimmt das?"

Indem Sie Ihre wahrgenommenen Gefühle ansprechen, zeigen Sie, dass Sie auch diese Seite der Nachricht „gehört" haben und dass Sie diese Gefühle ernst nehmen. Und Sie signalisieren Ihre Bereitschaft, tiefer ins Thema einzusteigen.

Warten Sie nun noch auf das zustimmende Signal von Frau Braun, das Ihnen zeigt: „Ja, Sie haben mich richtig wiedergegeben!" Jetzt können Sie auf das eingehen, was Sie erfahren haben, z. B. das Thema „Ungerechtigkeit".

> Versuchen Sie, in Jahresgesprächen auf die Wörtchen „Ja, aber" zu verzichten. Sie sind ein Indiz dafür, dass Sie bei Ihren eigenen Gedanken und Gefühlen sind und das hat mit Zuhören meist nichts zu tun.

Wie Sie mit Fragen führen

Mit einer fragenden Grundhaltung im Gespräch bekunden Sie ernsthaftes Interesse gegenüber Ihrem Mitarbeiter, an seinen Gedanken, Sichtweisen, Sorgen und Ängsten. Dadurch fühlt sich der Mitarbeiter ernst genommen. Dies ist die Basis für ein vertrauensvolles Gespräch, in dem sich der Mitarbeiter öffnet. Durch Fragen können Sie zudem unterschiedliche Sichtweisen verstehen und versuchen, eine gemeinsame Lösung zu finden.

Wann Sie offene Fragen einsetzen

Offene und geschlossene Fragen erfüllen ganz unterschiedliche Funktionen in einem Gespräch. Offene Fragen – meist

W-Fragen genannt: wer, was, wann, warum, wie, wo – sind nützlich, wenn

- Sie Ihren Gesprächspartner zum Nachdenken anregen wollen,
- Sie mehr über die Gedanken und Gefühle Ihres Gesprächspartners erfahren wollen,
- Sie nach verschiedenen Lösungsmöglichkeiten suchen,
- das Gespräch stockt.

Beispiel: Offene Fragen

Wie geht es Ihnen damit?

Welche Gedanken haben Sie sich dazu gemacht?

Was davon sehen Sie als wichtig an?

Wie müsste das Ziel lauten, damit Sie sich dabei wohl fühlen?

Wo sehen Sie Ihre Stärken?

Womit haben Sie eher Schwierigkeiten?

Was würde Sie jetzt überzeugen?

Welche Fragen haben Sie noch dazu?

Wann Sie geschlossene Fragen einsetzen

Geschlossene Fragen stellen Sie, wenn Sie Zustimmung oder Ablehnung erfragen wollen. Sie eignen sich z. B. für das Ende eines Gesprächs bzw. eines Gesprächsabschnitts, wenn Sie zusammenfassen oder das Einverständnis Ihres Gesprächspartners abfragen.

Beispiel: Geschlossene Fragen

Trifft diese Formulierung Ihre Vorstellungen?

Ist das für Sie wichtig?

Können wir das so festhalten?

Ist das Ziel so verständlich formuliert?

Stellen Sie lösungsorientierte Fragen

Wer fragt, der führt. Nur wohin? Mit jeder Frage lenken Sie die Aufmerksamkeit in eine bestimmte Richtung. Das kann sowohl in Richtung auf das Problem als auch in Richtung der Lösung sein. Wenn Sie problemorientiert fragen, werden Sie vielfach Rechtfertigungen und Gründe fürs Scheitern hören. Auf die Frage „Warum schaffen Sie nur so wenige Abschlüsse im Vergleich zu den anderen Mitarbeitern?" wird der Mitarbeiter seine Aufmerksamkeit darauf richten, warum etwas nicht funktioniert.

Wenn Sie dagegen in Richtung einer möglichen Lösung fragen, helfen Sie Ihrem Mitarbeiter, lösungsorientiert zu denken, d. h. sich auf die Suche danach zu machen, wie etwas – trotz aller Schwierigkeiten – funktionieren könnte.

Beispiel: Lösungsorientierte Fragen

Wie können Sie den Punkt „Anzahl der Abschlüsse" im kommenden Jahr noch verbessern?

Was müsste passieren, damit es klappen kann?

Wie würde jemand anderes an dieses Thema herangehen?

Mal angenommen, es gäbe keinerlei Einschränkungen, was würden Sie dann zur Problemlösung vorschlagen?

Ich-Aussagen

Mit einer Ich-Botschaft geben Sie etwas von Ihren eigenen Gedanken und Gefühlen preis. Im Gegensatz dazu wird bei einer Du-Botschaft eine Aussage über den anderen gemacht. Meistens findet hier ein blitzschneller Übersetzungsvorgang statt, bei dem eigene Gefühle in Beschreibungen des anderen überführt werden. Dadurch fühlt sich der andere schnell angegriffen. So wird z. B. sehr rasch aus dem Empfinden „Ich fühle mich von Ihnen übergangen" die Aussage „Sie sind rücksichtslos".

Ich-Aussagen sind wichtig, um Feedback zu geben, um eigene Erwartungen und Wertvorstellungen dazulegen und um unterschiedliche Sichtweisen einander gegenüberzustellen.

Du-Botschaften	Ich-Botschaften
Da haben Sie haben mich falsch verstanden.	Da habe ich mich eventuell missverständlich ausgedrückt.
Ihr Vorschlag ist unbrauchbar.	Ich sehe das anders.
Sie immer mit Ihrer vorschnellen Kritik.	Ich sehe in diesem Vorschlag durchaus etwas Positives.
Sie sagen doch nie etwas.	Mich würde Ihre Meinung dazu interessieren.
Da kennen Sie sich nicht aus.	Ich vermute, Ihnen fehlen ein paar wichtige Informationen.

Vermeiden Sie störendes Verhalten

Vermeiden Sie Verhalten, das Sie und ihren Gesprächspartner vom Gespräch ablenkt und Ihrem Gegenüber signalisieren könnte „Sie sind mir unwichtig, ich langweile mich". Zu diesen Verhaltensweisen gehört es, wenn Sie

- mit einem Kugelschreiber spielen,
- das Handy anlassen,
- den Blickkontakt abbrechen,
- aus dem Fenster schauen,
- im Raum herumlaufen,
- nebenher Unterlagen durchschauen,
- Ihren Gesprächspartner fixieren oder anstarren,
- durch eigene Themen von den Themen des Mitarbeiters ablenken.

Damit gerade bei längeren Gesprächen wichtige Themen nicht verloren gehen, empfiehlt es sich, Notizen zu machen. Informieren Sie aber zuvor Ihren Mitarbeiter. Sonst könnte er es als ein störendes Verhalten wahrnehmen.

Auf einen Blick: Ihr Handwerkszeug

- Aus einem übergeordneten Ziel entwickeln Sie die Ziele für die einzelnen Mitarbeiter Ihres Teams: Das übergeordnete Ziel wird heruntergebrochen auf die Mitarbeiterebene.

- Es gibt verschiedene Zielarten, darunter die Leistungsziele, die sich auf die Leistungsergebnisse eines Mitarbeiters beziehen, und die Entwicklungsziele, die sich auf die Kompetenzen und Kenntnisse eines Mitarbeiters beziehen.

- Die Formel SMART steht für fünf Kriterien, die für die Zielformulierung sehr hilfreich sind. Sie lauten: spezifisch, messbar, angemessen, realisierbar und terminiert.

- Verwenden Sie bei der Mitarbeiterbeurteilung klar definierte Kriterien, die am konkreten Verhalten der Mitarbeiter beobachtbar sind.

- Kommunikation ist nie eindeutig. Hören Sie aktiv zu und fragen Sie gezielt nach. Dies verringert die Gefahr von Missverständnissen.

- Beim aktiven Zuhören hören Sie zunächst bewusst und aufmerksam zu, dann fragen Sie nach und fassen zusammen und schließlich artikulieren Sie wahrgenommene Emotionen.

So bereiten Sie sich vor

Um möglichst effektive Jahres- und Zielvereinbarungsgespräche zu führen, sollten sowohl die Führungskraft als auch die Mitarbeiter sich auf das Gespräch gründlich vorbereiten.

In diesem Kapitel lesen Sie,

- was Sie vorab organisieren und welche Termine Sie vereinbaren sollten (S. 57),
- wie Sie sich auf die Zielvereinbarung (S. 64) und die Mitarbeiterbeurteilung (S. 68) vorbereiten,
- wie Sie den Entwicklungsbedarf und das Potenzial Ihrer Mitarbeiter einschätzen (S. 69).

Schlüssel zum Erfolg: gründlich vorbereiten

Welchen Einfluss eine gründliche Vorbereitung auf die Wirkung und das Ergebnis eines Gespräches hat, versuchen wir in dieser Grafik nachvollziehbar zu machen.

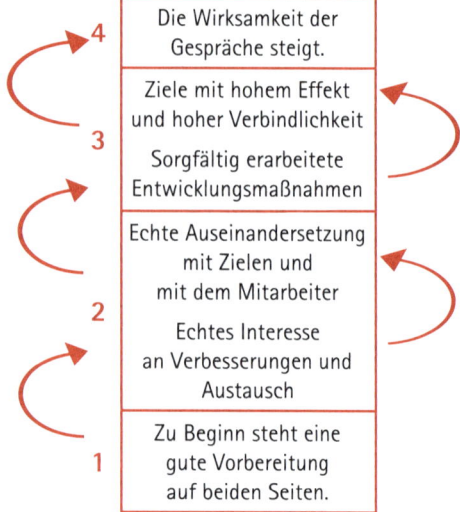

Die positiven Folgen einer guten Vorbereitung

Umgekehrt kann es sich negativ auswirken, wenn ein Jahresgespräch schlecht vorbereitet ist.

1 Die schlechte Vorbereitung führt dazu, dass ungenau ausgearbeitete Ziele vereinbart oder Ziele pro forma er-

funden sowie Ad-hoc-Beurteilungen vorgenommen werden, die nicht fundiert sind.

2 Solche Gespräche werden zumeist lustlos als Pflichtveranstaltungen geführt.

3 Es folgen konfliktreiche Gespräche, weil die Mitarbeiter sich ungerecht beurteilt fühlen. Die Ziele werden im Alltag nicht verfolgt. Und die Mitarbeiter sind frustriert, weil keine konkreten Maßnahmen formuliert wurden.

4 Schließlich verschlechtert sich die Beziehung zwischen Führungskraft und Mitarbeiter, die Wirksamkeit von Jahresgespräch als Führungsinstrument nimmt ab. Und letztlich erlischt mit der Freude am Austausch die innerbetriebliche Kommunikation.

Was Sie vorab organisieren

Bei der organisatorischen Vorbereitung geht es darum, dass Sie einen angenehmen Raum auswählen, den passenden Termin vereinbaren, die notwendigen Unterlagen zusammentragen und den Mitarbeiter offiziell einladen – im besten Falle sogar schriftlich. Was dabei jeweils im Einzelnen zu beachten ist, stellen wir Ihnen im Folgenden vor.

> Eine gründliche organisatorische Vorbereitung kostet nicht viel Zeit. Sie zeigen Ihrem Mitarbeiter damit aber, dass Sie ihn wertschätzen.

Wo führen Sie die Jahresgespräche?

Berücksichtigen Sie bei der Raumauswahl, dass Sie ein offenes Gespräch auf „Augenhöhe" mit Ihrem Mitarbeiter führen wollen und sich Orte, an denen man ungestört reden kann, positiv auf die Gesprächsatmosphäre auswirken. Aufgeräumte Orte wirken außerdem freundlicher.

In der Regel gibt es drei Möglichkeiten, Jahresgespräche zu führen: In Ihrem Büro, im Büro Ihres Mitarbeiters oder in einem Besprechungszimmer.

- **Besprechungszimmer**
  Das große Plus eines Besprechungszimmers ist seine Neutralität: Hier haben weder Sie noch Ihr Gesprächspartner einen Heimvorteil. Außerdem sind Störungen und Unterbrechungen leichter zu vermeiden.

- **Ihr Büro**
  Hier sollten Sie Jahresgespräche nur führen, wenn Sie außer Ihrem Schreibtisch einen Besprechungstisch zur Verfügung haben. Der Tisch muss frei von Unterlagen, Zeitschriften etc. sein. Wichtig ist, dass Sie nicht gestört werden. Also: Telefon umstellen und „Bitte-nicht-stören"-Schild an die Tür bzw. Assistenten Bescheid geben.

- **Das Büro Ihres Mitarbeiters**
  Diese Wahl haben Sie nur, wenn Ihr Mitarbeiter ein Einzelbüro hat. In diesem Fall sollte Ihr Mitarbeiter dafür sorgen, dass das Gespräch nicht durch Anrufe oder andere Mitarbeiter unterbrochen wird.

Wählen Sie eine förderliche Sitzordnung

Neben dem Raum hat auch die Sitzordnung großen Einfluss auf die Atmosphäre des Gesprächs. Optimal für ein Jahresgespräch ist eine kommunikative, offene Sitzweise, idealerweise über Eck, so dass Sie und Ihr Gesprächspartner sich nicht frontal gegenübersitzen. Eine frontale Sitzordnung, noch dazu am Schreibtisch des Chefs, kann beim Mitarbeiter zu einem Gefühl von Unterlegenheit führen.

Drei Termine rechtzeitig planen

Berücksichtigen Sie, dass Sie mindestens drei Termine zu planen haben:

1 **Termin für die Vorabinformation Ihrer Mitarbeiter**
Sie informieren Ihre Mitarbeiter – z. B. in einem Teammeeting – ungefähr drei Wochen vor den ersten Jahresgesprächen.

2 **Termin für Ihre Vorbereitung**
Den zweiten Termin für Ihre eigene Vorbereitung sollten Sie ebenfalls frühzeitig legen, so dass Sie die Möglichkeit haben, Ihre Beurteilungen nochmals kritisch durchzugehen (siehe Seite 66 und 69). Planen sie für die inhaltliche Vorbereitung pro Gespräch ca. 1 bis 1,5 Stunden ein.

3 **Termine für die einzelnen Jahresgespräche**
Legen Sie den Termin für die Jahres- oder Zielvereinbarungsgespräche so, dass Sie sich gut darauf konzentrieren können.

Worauf Sie bei der Planung des Gesprächs achten sollten

- **Bauen Sie Puffer ein**

  Setzen Sie die Termine für die Jahresgespräche so, dass Sie davor und danach jeweils 15 Minuten Zeit haben, um sich auf den Mitarbeiter einzustimmen und das Gespräch in seinen Eckpunkten nochmals durchzugehen bzw. nach dem Gespräch Zeit für die sofortige Nachbereitung haben. Damit stellen Sie sicher, dass Sie gedanklich nicht noch mit dem vorangegangenen oder dem nachfolgenden Termin beschäftigt sind.

- **Vermeiden Sie die Nähe zu wichtigen anderen Terminen**

  Berücksichtigen Sie, dass ein Termin an einem Tag, an dem Ihr Mitarbeiter z. B. noch einen Vortrag halten muss, für seine Konzentration während des Gesprächs hinderlich sein kann.

- **Achten Sie auf Bio-Rhythmus und Wochenende**

  Wählen Sie eine Tageszeit aus, an der Sie und Ihr Mitarbeiter fit sind, also vielleicht nicht gerade nach einem schweren Mittagessen. Termine am späten Nachmittag eignen sich gut, weil sie die Möglichkeit bieten, nach dem Gespräch nach Hause zu gehen.

- **Planen Sie genug Zeit für das Gespräch ein**

  Planen Sie für ein Jahresgespräch 1,5 bis 2 Stunden ein, für ein Zielvereinbarungsgespräch 1 bis 1,5 Stunden.

Planen Sie Zeit ein für Themen, die Ihr Mitarbeiter mit Ihnen besprechen will. Sonst geraten Sie schnell unter Zeitdruck und demotivieren Ihren Mitarbeiter letztendlich.

Welche Unterlagen Sie benötigen

Für den Rückblick benötigen Sie die Unterlagen des letztjährigen Gesprächs. Dazu gehören das Gesprächsprotokoll, die schriftlichen Zielvereinbarungen sowie die Vereinbarungen zum Entwicklungsbedarf. Für den Ausblick auf das kommende Jahr legen Sie sich die neuen Ziele, die Sie vereinbaren wollen, den aktuellen Beurteilungsbogen, Ihre unterjährigen Notizen bzw. Beobachtungsbögen über Verhalten und Leistung Ihres Mitarbeiters bereit. Hilfreich ist es, wenn Sie vor dem Jahresgespräch bei Ihrem Mitarbeiter nachfragen, ob er seinen Bogen, mit dem er sich auf das Gespräch vorbereitet hat, ebenfalls mitbringen wird.

Schließlich ist ein grober Gesprächsleitfaden nützlich. In vielen Unternehmen gibt es offizielle Gesprächsbögen zur Dokumentation des Gesprächs. Andernfalls nutzen Sie das Protokollformular von Seite 91.

Wie Sie zum Jahresgespräch einladen

- Wenn Sie alle Jahres- bzw. Zielvereinbarungsgespräche in einem bestimmten Zeitraum führen, ist es geschickt, wenn Sie alle Ihre Mitarbeiter gemeinsam über die anstehenden Gespräche informieren. Damit diese auch genügend Zeit für die Vorbereitung haben, schicken Sie jedem ungefähr zwei Wochen vor dem Gespräch eine schriftliche Einladung, in der Sie Termin, Dauer und Ort sowie grob den Gesprächsinhalt und den Ablauf des Gesprächs miteilen. Außerdem fordern Sie Ihren Mitarbeiter auf, sich auf das Gespräch vorzubereiten. Schicken Sie ihm am besten einen Vorbereitungsbogen (siehe Seite 66 f.) mit oder verweisen Sie auf den Speicherort (z. B. Intranet), an dem er dieses Dokument finden kann.

Beispiel

Sehr geehrter Herr Winter,

zum Jahresgespräch lade ich Sie hiermit für den 28. Januar um 15.00 Uhr ein. Das Gespräch findet im Besprechungszimmer 5.3 statt. Ich habe zwei Stunden für dieses Gespräch vorgesehen.

Neben einem Rückblick auf das vergangene Jahr, bei dem wir Ihre Zielerreichung besprechen, wollen wir auch Ihre Ziele für das kommende Jahr formulieren. In der letzten Teamsitzung haben wir ja bereits über unsere Bereichsziele gesprochen, die wir nun auf den einzelnen Mitarbeiter herunterbrechen. Ich bitte Sie, sich dazu Gedanken zu machen.

Außerdem werden wir die diesjährige Beurteilung durchsprechen. Auch hier hoffe ich auf einen offenen Austausch mit Ihnen. Mir ist zudem wichtig, über Ihre weitere persönliche Entwicklung im Unternehmen zu reden.

Im Anhang lege ich einen Vorbereitungsbogen bei, den Sie für Ihre Vorbereitung unseres Gesprächs nutzen können.

Ich freue mich auf ein konstruktives Gespräch mit Ihnen.

Mit freundlichen Grüßen

Monika Müller

Checkliste: Organisatorische Vorbereitung

Zeitplan ✓

- Mitarbeiter über anstehende Gespräche informiert?
- Termin für die eigene Vorbereitung geblockt?
- Termin für das Gespräch festgesetzt und im Kalender geblockt? Vor- und Nachbereitungszeit eingeplant?

Raumreservierung

- Raum ausgewählt und reserviert?
- Assistenten informiert? „Bitte nicht stören"-Schild bereitgelegt?

Mitarbeiter/in einladen (ca. 2 Wochen vorher)

- Datum, Dauer und Ort mitgeteilt?
- Gesprächsinhalte und Gesprächsablauf vermittelt?
- Vorbereitungsbogen übermittelt und zur Vorbereitung angehalten?

Unterlagen

- Zielvereinbarung und Gesprächsprotokoll aus dem vorigen Jahr
- Beurteilungsbogen und Beobachtungsnotizen
- Vorbereitungsbogen des/r Mitarbeiters/in
- Gesprächsleitfaden für das anstehende Gespräch

Die Zielvereinbarung vorbereiten

Im Vorfeld des Zielvereinbarungsgesprächs sollten Sie folgendes erledigen:

- Ihr gesamtes Teams vorab informieren,
- die Zielerreichung der einzelnen Mitarbeiter prüfen und
- jeweils die neue Zielvereinbarung vorbereiten.

Mitarbeiter vorab informieren

Informieren Sie Ihr Team vorab, z. B. per E-Mail, besser aber in einer regulären Teambesprechung und eventuell mit einer kurzen Präsentation. Hilfreich ist es, wenn Sie Ihren Mitarbeitern dabei einige Eckpunkte zum Status quo, den Teamzielen usw. zur Verfügung stellen. Das hat den Vorteil, dass sich Ihre Mitarbeiter bei der Vorbereitung auf die Einzelgespräche selbst nochmals kundig machen können.

Checkliste: Inhalte der Vorabinformation

- Die Kerninformationen für das vergangene Jahr: Welche Abteilungsziele hatten Sie vereinbart, welche wurden erreicht? Wo ist noch Verbesserungsbedarf?
- Der Stand des Teams aus Ihrer Sicht
- Grobe Übersicht über die neuen Ziele für Ihr Team
- Besprechung der Ziele mit Ihren Mitarbeitern Klärung von Verständnisfragen

- Aufforderung an Ihre Mitarbeiter, sich auf die anstehenden Jahresgespräche vorzubereiten
- Aushändigung der Formulare für die eigene Vorbereitung der Mitarbeiter

Vorbereitung der Einzelgespräche

Bereiten Sie sich anhand der Fragen in der folgenden Liste auf jedes Gespräch vor. Sie müssen diese Liste jedoch nicht dogmatisch abarbeiten. Suchen Sie sich vielmehr die für Sie und Ihre Mitarbeiter relevanten Fragen heraus. Ihren Mitarbeitern geben Sie eine Liste mit den gleichen Fragen, die lediglich auf deren Sicht umformuliert sind (Seite 66).

Vorbereitungsfragen: Zielerreichung

Für die Führungskraft

- Welche Ziele hatten Sie und Ihr Mitarbeiter im vergangenen Jahr vereinbart?
- Woran wird die Zielerreichung gemessen?
- Welche Ziele hat der Mitarbeiter erreicht oder übererfüllt?
- Welche Ziele hat der Mitarbeiter nicht erreicht?
- Welche Rahmenbedingungen haben die Zielerreichung günstig bzw. ungünstig beeinflusst?
- Bei einer mangelnden Zielerreichung: Wie können Sie Ihren Mitarbeiter fördern, so dass er zukünftig die vereinbarten Ziele erreicht?

- Was können Sie und Ihr Mitarbeiter aus der Rückschau lernen?

- An welchen Personalentwicklungs- bzw. Schulungsmaßnahmen hat er teilgenommen?

- Welche Kompetenzen haben dem Mitarbeiter geholfen, das Ziel zu erreichen? Welche sollte er ausbauen?

Für die Mitarbeiter und Mitarbeiterinnen

- Welche Ziele hatten Sie und Ihr Vorgesetzter im vergangenen Jahr vereinbart?

- Welcher Maßstab wurde für die Zielerreichung angelegt?

- Welche Ziele haben Sie erreicht oder übererfüllt?

- Welche Ziele haben Sie nicht erreicht?

- Welche Rahmenbedingungen haben die Zielerreichung günstig bzw. ungünstig beeinflusst?

- Bei einer mangelnden Zielerreichung: Was wäre aus Ihrer Sicht förderlich, so dass Sie zukünftig die vereinbarten Ziele erreichen?

- Was können Sie und Ihr Vorgesetzter aus der Rückschau lernen?

- An welchen Personalentwicklungs- bzw. Schulungsmaßnahmen haben Sie teilgenommen?

- Welche Kompetenzen haben Ihnen geholfen, die Ziele zu erreichen? Welche Kompetenzen wollen Sie ausbauen?

Vorbereitungsfragen: Zielvereinbarung

Für die Führungskraft

- Wie lauten die Ziele für Ihren Bereich?

- Welche Ziele leiten Sie daraus für den Beschäftigten ab?

- Sind die Ziele und Aufgaben sinnvoll auf die Mitarbeiter Ihrer Abteilung verteilt?

- Welche Ziele könnte – aus Ihrer Sicht – der Mitarbeiter haben?

- Wie sehen Sie das Aufgabenfeld bzw. den Verantwortungsbereich des Mitarbeiters? Wo sehen Sie seine Schwerpunkte?

- Was erwarten Sie als sein Chef von ihm?

- Woran werden Sie messen können, ob und in welchem Maße der Mitarbeiter das Ziel erreicht hat?

- Wo können Sie ihn bei der Zielerreichung unterstützen? Was wird von Ihnen erwartet?

Für die Mitarbeiter und Mitarbeiterinnen

- Welche Ziele möchten Sie vereinbaren?

- Wie sehen Sie Ihr Aufgabenfeld? Wo sehen Sie Ihre Schwerpunkte?

- Was erwarten Sie von Ihrem Vorgesetzten?

- Wo erwarten Sie Unterstützung bei der Zielerreichung?

Die Mitarbeiterbeurteilung vorbereiten

Im Beurteilungsgespräch geben Sie Ihrem Mitarbeiter Feedback zu seinen Arbeitsleistungen und seinem Arbeitsverhalten und teilen ihm mit, welche Erwartungen Sie an ihn haben. Aufgrund der Einschätzung seiner Stärken und Schwächen definieren Sie gemeinsam für ihn Entwicklungsmaßnahmen.

Checkliste: Vorbereitung der Mitarbeiterbeurteilung

- Vergegenwärtigen Sie sich die Beurteilungskriterien, die Sie im vorangegangenen Jahresgespräch festgelegt und kommuniziert hatten.

- Sichten Sie die im Laufe des Jahres gesammelten Beobachtungen und die Gesprächsprotokolle der Feedbackgespräche, die Sie eventuell unterjährig geführt haben.

- Bei fehlenden Informationen befragen Sie andere Personen bezüglich der konkreten Arbeitsergebnisse oder Verhaltensweisen.

- Nehmen Sie die Beurteilung vor anhand der jetzt gesichteten und eingeholten Informationen und der zuvor festgelegten Beurteilungskriterien. Nutzen Sie dazu den Beurteilungsbogen von Seite 32.

- Erarbeiten Sie klare Begründungen für Ihre Beurteilung. Dies ist besonders wichtig, wenn die Beurteilung Auswirkungen auf das Gehalt hat.

- Vergleichen Sie die neue Beurteilung mit der des Vorjahres. Prüfen Sie die Veränderungen und Ihre Begründung – insbesondere, wenn die Begründung schlechter ausfallen sollte.

Die Themen Entwicklung und Zusammenarbeit vorbereiten

Nun bereiten Sie sich noch auf die Gesprächsabschnitte zum Thema Entwicklungsbedarf und Potenzial des Mitarbeiters, sowie zum Thema Zusammenarbeit vor. Hier überlegen Sie anhand Ihrer ausgearbeiteten Beurteilung: Wo sehen Sie konkreten Entwicklungsbedarf Ihres Mitarbeiters? Nutzen Sie dazu die folgende Checkliste.

Checkliste: Vorbereitung Entwicklungsbedarf und Potenzial

- Bezüglich welcher Beurteilungskriterien sollte sich der Mitarbeiter entwickeln?

- Welche möglichen Maßnahmen könnten dafür hilfreich sein? In welcher zeitlichen Reihenfolge?

- Wer überprüft den damit verbundenen Kompetenzaufbau?

- Werfen Sie darüber hinaus noch einen Blick auf die mittelfristige Entwicklung Ihres Mitarbeiters:

  – Wo sehen Sie Ihren Mitarbeiter in 5 Jahren?

  – Welche Tätigkeiten soll Ihr Mitarbeiter verstärkt ausüben? Ist ein Funktionswechsel geplant und sinnvoll? Welche Zwischenschritte sind dazu notwendig?

  – Welche Maßnahmen zum Kompetenzaufbau sind dazu notwendig?

  – Welche Pläne hat der Mitarbeiter privat, die für seine Berufsplanung eine Rolle spielen könnten?

Ein Personalportfolio erstellen und nutzen

Das Personalportfolio setzt die Dimensionen Leistung und Potenzial in einen Zusammenhang und ermöglicht Schlussfolgerungen für das gesamte Jahresgespräch. Die Vorteile davon sind. Sie können sich besser auf den einzelnen Mitarbeiter einstimmen und Sie bekommen ein Gefühl für die Position der einzelnen im Team. Dadurch wird eine „gerechtere" Einstufung möglich.

Potenzialportfolio

Fragezeichen und Problemfälle

Darunter fallen z. B. Mitarbeiter, die den (gestiegenen) Ansprüchen nicht mehr gerecht werden, aber auf andere Art und Weise dem Unternehmen dienen (Mitte des Feldes). Auch Menschen, die nicht (mehr) dafür geeignet sind, ihren Job auszuführen, gehören zu dieser Potenzialgruppe. Mitarbeiter mit Leistungsschwächen müssen kontrollierend und korrigierend geführt werden, um eine Verbesserung zu erzielen.

Das bedeutet für Ihr Jahresgespräch: Leistungsschwächen sollten im Gespräch deutlich gemacht werden: Sagen Sie klar, in welchen Bereichen Sie unzufrieden mit der Leistung Ihres Mitarbeiters sind und zeigen Sie die erwartete Entwicklung auf. Vereinbaren Sie dazu zeitlich überschaubare Ziele und konkrete Maßnahmen sowie regelmäßige Kontrollen. Beschränken Sie die Energie, die Sie in diese Personen investieren, da das Potenzial nicht gerade hoch ist.

Faules oder junges Genie

Das ist eine Potenzialgruppe von Mitarbeitern, deren Leistung (noch) nicht den Anforderungen entspricht:

- Faules Genie: Mitarbeiter hat zwar Potenzial, ist aber aus verschiedenen Gründen demotiviert und erbringt weniger Leistung als er könnte. Nutzen Sie hier das Jahresgespräch, um diese Minderleistung aufzuzeigen und zu klären, woran es liegt. Entwickeln Sie Ziele, die diese Ursachen berücksichtigen, z. B. indem Sie dem Mitarbeiter klar definierte neue Aufgaben übergeben.

- Junges Genie: Dies kann ein Mitarbeiter mit viel Potenzial in der Einarbeitungszeit sein. Definieren Sie kleinere und kürzere Ziele und besprechen Sie, welche Unterstützungsmaßnahmen er braucht, um das Ziel zu erreichen. Vereinbaren Sie regelmäßige Kontrollen.

- Unerkanntes Genie: Hierbei handelt es sich um falsch eingesetzte Mitarbeiter, deren Fähigkeiten in einem anderen Bereich besser sichtbar würden. Nutzen Sie das Jahresgespräch, um dies herauszufinden und darauf aufbauend Ziele und Maßnahmen zu definieren.

Fleißiges Bienchen

Hier sind die Leistungsträger angesiedelt, die gut arbeiten, aber wenig Potenzial über den derzeitigen Job hinaus zeigen.

Da die Anforderungen im Job kontinuierlich wachsen, müssen auch diese Mitarbeiter ständig an sich arbeiten, um den Platz in diesem Quadranten zu halten.

Die Leistung dieser Mitarbeiter sollte in der Beurteilung sichtbar werden. Loben Sie sie und beziehen Sie sie stark in die Ausarbeitung der Ziele ein. Schaffen Sie aber auch Anreize zur Weiterentwicklung. Überlegen Sie, in welchem Bereich sich dieser Mitarbeiter noch weiterentwickeln könnte, und vereinbaren Sie konkrete Ziele dazu. Überlegen Sie, welche zusätzlichen Herausforderungen diese Mitarbeiter motivieren könnten (z. B. Sonderaufgaben, Einbindung in Projekte).

Spitzenkraft

Hier befinden sich die Leistungsträger mit Potenzial für weitergehende Aufgaben und Stellen. Die Komponente „Entwicklungsgespräch" ist bei dieser Gruppe besonders wichtig, um sowohl über kurzfristige wie auch mittelfristige Perspektiven zu sprechen.

Kurzfristig bedeutet, dass Sie mit einer Spitzenkraft zusammen nach Zielen und Inhalten suchen, die interessant genug sind, um sie so lange wie möglich für die vorhandene Stelle zu motivieren, z. B. durch interessante Projekte und umfassendere Verantwortlichkeiten. Mittelfristig bedeutet, dass Sie zusammen mit dem Mitarbeiter konkrete Karriereperspektiven entwickeln. Überlegen Sie gemeinsam, welche Weiterbildungsmaßnahmen als Vorbereitung für den nächsten Karriereschritt sinnvoll sein könnten.

Zusammenarbeit im Team und mit dem Vorgesetzten

Auch hier ist es sinnvoll, sich anhand einiger Fragen vorzubereiten. Die ersten drei Fragen der Liste stellen Sie auch Ihrem Mitarbeiter – auf ihn umformuliert – zu seiner eigenen Vorbereitung zur Verfügung.

Vorbereitungsfragen: Zusammenarbeit

- Wie funktioniert die Zusammenarbeit im Team?
- Welchen Anteil hat der Beschäftigte an der Zusammenarbeit im Team (Information und Kommunikation, Differenzen und Konflikte, Verbesserungsmöglichkeiten)?
- In welchen Bereichen würden Sie die Zusammenarbeit mit Ihrem Mitarbeiter als gut bezeichnen? In welchen weniger?
- Wie setzt Ihr Mitarbeiter Ihre Vorgaben um?
- Akzeptieren Sie die Leistung und das Verhalten des Mitarbeiters? Möchten Sie, dass sich daran etwas ändert?
- Ist der Informationsfluss zu und von Ihrem Mitarbeiter zufriedenstellend?
- In welchem Bereich wünscht sich Ihr Mitarbeiter ein anderes Führungsverhalten (z. B. mehr Gespräche, mehr Anleitung, mehr Coaching)?

Wie Sie sich auf das Gespräch einstimmen

Konstruktive Ergebnisse in Gesprächen können meist nur erzielt werden, wenn Groll, Vorurteile und schwelende Konflikte zwischen den Gesprächspartnern bereinigt sind. Kurz: Wenn die Beziehungsebene geklärt ist. Achten Sie daher darauf, dass Sie selbst in guter Verfassung und positiv auf den Mitarbeiter eingestimmt sind. Und nehmen Sie sich daher notfalls im Gespräch (genügend) Zeit, auch die Beziehungsebene anzusprechen und bestenfalls zu klären.

Das Eisberg-Modell veranschaulicht, dass das sachliche Anliegen der Gesprächspartner oberhalb der Wasserlinie und damit sichtbar ist. Die sozialen und emotionalen Bedürfnisse, die den gewichtigeren Teil der Gesamtmasse ausmachen, liegen unter der Wasseroberfläche und sind nicht direkt zu sehen. Sie sind häufig unbewusst bzw. unausgesprochen.

Sachebene

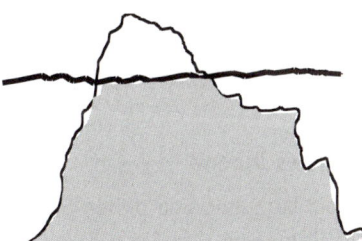

Beziehungsebene

Das Eisberg-Modell

Wir müssen aber wissen, dass es sie gibt und sie angemessen berücksichtigen. Besonders wichtig sind dabei schwelende

Konflikte, vergangene Missverständnisse und Kränkungen. Gibt es solche, dann gilt: unbedingt vorab in einem gesonderten Gespräch klären. Denn sonst droht die Gefahr, dass der Konflikt unterschwellig in das Zielvereinbarungsgespräch oder – noch schlimmer – in das Beurteilungsgespräch einfließt.

Einstimmung auf den Gesprächspartner

Bereiten Sie sich auf den einzelnen Mitarbeiter vor.

- Wie ist seine aktuelle Situation?
- Welche Einstellung habe ich zum Mitarbeiter? Wie schätze ich unsere Beziehung ein?
- Wie verliefen frühere Gespräche mit dem Mitarbeiter?
- Was könnten die Ziele, Motive und Bedürfnisse des Mitarbeiters sein?
- Was kann ich tun, wenn das Gespräch emotional wird?

> Beachten Sie: viele dieser Informationen sind Vermutungen. Nehmen Sie diese bewusst als solche wahr und seien Sie bereit, diese im Gespräch zu korrigieren.

Wie geht es Ihnen?

Halten Sie kurz inne und prüfen Sie: Wie geht es Ihnen? In welcher Stimmung sind Sie gerade? Überlegen Sie, was Sie tun können, um im Gespräch für eine angenehme Stimmung zu sorgen. Überprüfen Sie Ihre Einstellung gegenüber derartigen Gesprächen: Führen Sie diese Gespräche gerne? Oder gehen Sie eher mit Vorbehalten und Unlust in Mitarbeitergespräche?

Wie Sie Vorbehalte und Unlust abbauen

- Nutzen Sie Checklisten und Leitfäden für das Gespräch. So haben Sie eine klare Struktur, an der Sie festhalten können.

- Gönnen Sie sich vor einem solchen Gespräch 10 Minuten Ruhe, am besten, indem Sie einen kleinen Spaziergang ums Gebäude machen.

- Überprüfen Sie: Gehen Sie mit einer negativen Einstellung ins Gespräch? Dann können Sie fast sicher sein, dass das Gespräch schlecht laufen wird. Was könnten Sie tun, um sich positiv auf das Gespräch einzustimmen?

- Sprechen Sie heikle Situationen und Gefühle an. Meist sind sie unbewusst ohnehin spürbar und führen - unausgesprochen – zu Irritationen.

Auf einen Blick: Vorbereitung der Gespräche

- Nehmen Sie sich ausreichend Zeit, denn eine gründliche Vorbereitung ist einer der Schlüssel zum Erfolg der Gespräche.

- Informieren Sie Ihre Mitarbeiter vorab in einem kleinen Meeting über die anstehenden Jahresgespräche und die übergeordneten Ziele des Teams.

- Händigen Sie Ihren Mitarbeitern die notwendigen Unterlagen zur eigenständigen Vorbereitung des Gesprächs aus.

- Mit einem Personalportfolio können Sie sich einen hilfreichen Überblick über das ausbaubare Potenzial Ihres Teams verschaffen

- Blocken Sie sich im Vorfeld genügend Zeit, um jedes einzelne Gespräch vorzubereiten (ca. 1 bis 1,5 Stunden).

- Auf das Zielvereinbarungsgespräch, das Beurteilungsgespräch und auf die Themen Entwicklung und Zusammenarbeit können Sie sich anhand der Fragen auf Seite 65 ff. vorbereiten.

- Planen Sie für den Termin des Jahresgesprächs jeweils eine Viertelstunde zur unmittelbaren Vor- und Nachbereitung ein.

- Stimmen Sie sich kurz vor einem Termin auf das anstehende Gespräch ein.

So führen Sie ein Jahresgespräch durch

Bei der Durchführung der Jahres- und Zielvereinbarungsgespräche liegen Konflikt- und Motivationspotenzial sehr nahe beieinander. Umso wichtiger ist es, strukturiert vorzugehen, klar zu kommunizieren und die Gespräche konstruktiv zu führen, d. h. den Mitarbeiter in Entscheidungen miteinzubeziehen.

In diesem Kapitel lesen Sie,

- was Sie bei den einzelnen Gesprächsabschnitten beachten sollten, damit das Jahresgespräch zum Erfolg führt (S. 81),
- wie Sie schwierige Gesprächssituationen meistern, etwa wenn Sie Kritik am Mitarbeiter üben möchten oder wenn der Mitarbeiter die Ziele oder die Beurteilung nicht akzeptiert (S. 96).

Leitfaden für den Ablauf

Meist gibt es in Unternehmen, die mit Jahres- und Zielvereinbarungsgesprächen arbeiten, klare Vorgaben, wie diese
Gespräche ablaufen sollen. Grundsätzlich gilt: Es gibt nicht
die eine richtige Reihenfolge, die Sie einhalten müssen. Vielmehr ist es wichtig, dass Sie die einzelnen inhaltlichen
Schritte sauber und konstruktiv gestalten. Wir schlagen Ihnen im Folgenden eine mögliche Vorgehensweise vor.

Leitfaden für das Jahresgespräch

⬇ 1 Einstieg

⬇ 2 Rückblick auf die Zielerreichung

⬇ 3 Ziele für das kommende Jahr vereinbaren

⬇ 4 Beurteilung durchsprechen

⬇ 5 Entwicklungsbedarf und Potenzial klären

⬇ 6 Feedback über die Zusammenarbeit

⬇ 7 Getroffene Vereinbarungen schriftlich festhalten

⬇ 8 Das Gespräch abschließen

9 Das Gespräch nachbereiten

> Beachten Sie: Jahres- und Zielvereinbarungsgespräche sollten frei bleiben von tagesaktuellen Themen.

Schritt 1: Einstieg

1 Sie begrüßen Ihren Mitarbeiter und danken ihm für die Bereitschaft zu diesem Gespräch.

2 Sie nennen bzw. vereinbaren einen Zeitrahmen.

3 Obwohl dem Mitarbeiter durch Ihre Einladung der Gesprächszweck sowie der grobe Ablauf des Gesprächs bekannt sind, hilft es, diese nochmals zu nennen. Damit stimmen Sie sich beide auf das kommende Gespräch ein.

4 Teilen Sie Ihrem Mitarbeiter Ihre Erwartungen bzgl. des Gesprächs mit und laden Sie ihn ein, seinerseits seine Erwartungen an das Gespräch zu nennen. Dies ist umso wichtiger, wenn das Gespräch auch die Beurteilung umfasst, da dies in der Regel ein sehr sensibles Thema ist.

5 Weisen Sie auf die beiderseitige Vertraulichkeit des Gesprächs hin.

Beispiel: Der Einstieg in das Jahresgespräch

„Herr Lang, ich freue mich, dass wir hier zusammensitzen. Wie Sie ja wissen, werden wir heute eine Reihe von Themen besprechen.

Wir werden zunächst auf Ihre Ziele des letzten Jahres schauen und konkrete Ziele für das kommende Jahr formulieren. Dann werden wir Ihre Beurteilung durchsprechen und anschließend über Ihr Potenzial hier bei uns sprechen. Auch in diesen beiden Bereichen hoffe ich, dass wir einen konstruktiven Dialog führen werden.

Außerdem ist es mir wichtig, dass wir dieses Gespräch dazu nutzen, unsere Zusammenarbeit zu reflektieren und gegebenenfalls zu überlegen, wie wir sie verbessern können. Haben Sie über diese Themen hinaus weitere Themen, die Sie mit mir besprechen wollen?

Ich sehe, Sie haben sich auf unser Gespräch vorbereitet, das finde ich klasse. Wir haben uns 2 Stunden dafür vorgenommen.

Bevor wir loslegen, möchte ich Ihnen nochmals versichern, dass wir die Beurteilung, die vereinbarten Ziele und Maßnahmen zwar schriftlich festhalten, dass ansonsten dieses Gesprächs aber vertraulich ist."

Schritt 2: Rückblick auf die Zielerreichung

1 Der Mitarbeiter stellt seine Sicht der Zielerreichung dar.

2 Nun sind Sie dran: Sie teilen ihm Ihre Einschätzung seiner Zielerreichung mit. Je genauer Sie bei der Zielformulierung Messbarkeitskriterien formuliert haben, desto seltener treten hier Differenzen in der Einschätzung auf.

3 Sollten aber dennoch unterschiedliche Einschätzungen vorliegen, gilt es nun, Gründe dafür zu suchen: Haben Sie die Messkriterien unterschiedlich interpretiert? Basiert Ihre Einschätzung auf unterschiedlichen Informationen?

4 Falls der Mitarbeiter sein Ziel nicht oder nur teilweise erreicht hat, stellen Sie Fragen, wie z. B:

   — Woran hat es gelegen, dass das Ziel nicht oder nur teilweise erreicht wurde? Was hätte hier geholfen?

   — Was können wir daraus für die folgende Periode lernen?

5 Auch wenn der Mitarbeiter seine Ziele erreicht hat, ist es hilfreich zu erfragen, was förderlich dazu beigetragen hat und was man daraus lernen kann:

– Was war hilfreich bei der Zielerreichung? Was war weniger hilfreich?

– Wo wäre dieses Vorgehen noch hilfreich?

6 Ziehen Sie abschließend Konsequenzen aus der Rückschau für die nächste Zielperiode. Wenn z. B. das Ziel des letzten Jahres demotivierend hoch war, passen Sie es für das kommende Jahr an oder vereinbaren zusätzliche Unterstützungsmaßnahmen.

Beispiel: In das Thema Zielerreichung einsteigen

 „Herr Lang, lassen Sie uns gemeinsam auf Ihre letztjährigen Ziele schauen. Ihr Ziel war, dass bis zum 31. August letzten Jahres die Wartungskosten unserer Kopiergeräte um 7 % gegenüber dem Vorjahr gesunken sind. Aus den Zahlen, die uns vorliegen, entnehme ich, dass die Kosten lediglich um 5 % gesunken sind. Worin sehen Sie die Gründe für diese Abweichung?"

Schritt 3: Ziele für das kommende Jahr vereinbaren

1 Stellen Sie dem Mitarbeiter Ihre Zielvorstellungen bzw. die Vorgaben, die Sie für Ihren Bereich bekommen haben, vor. Danach fragen Sie ihn, ob er sich gerne weitere Ziele für das kommende Jahr vornehmen möchte.

2 Sie sollten nicht mehr als fünf bis sieben Ziele pro Mitarbeiter vereinbaren. Hier ist es hilfreich, wenn Sie die Schritte zum SMARTen Ziel (siehe Seite 84) als Unterlage für sich und Ihren Mitarbeiter ausgedruckt dabei haben.

3 Diskutieren Sie mit Ihrem Mitarbeiter, wie er die festgelegten Ziele umsetzen will. Welche Teilziele und Maßnahmen sind sinnvoll?

4 Welche vorhersehbaren Probleme und Schwierigkeiten könnten bei der Zielerreichung auftreten? Wie könnte der Mitarbeiter darauf reagieren?

5 Überprüfen Sie zusammen mit dem Mitarbeiter seine Ressourcen: Verfügt er über die notwendigen Kenntnisse und Fähigkeiten? Welche Entscheidungen darf er selbständig treffen? Hat er die nötigen zeitlichen Kapazitäten für die vereinbarten Ziele und die damit verbundenen Aufgaben?

6 Achten Sie in diesem Gesprächsabschnitt besonders darauf, ob Ihr Mitarbeiter signalisiert, dass er die Erreichung der Ziele für realistisch hält. Oder erkennt er schon jetzt unüberwindliche Hürden? Verlassen Sie sich nicht darauf, dass er Ihnen Einwände und Bedenken von selbst mitteilt – eventuell müssen Sie mehrfach nachhaken. Denn die meisten Mitarbeiter wollen nicht erneut in die Diskussion über Zieldefinitionen einsteigen – das ist zäh und langwierig. Und Ihnen als Führungskraft geht es da wahrscheinlich genauso. Dennoch: Erst das Ringen um die realistischste Formulierung sichert den größten Erfolg.

Schritt 4: Beurteilung durchsprechen

Damit sich aus Ihrer Beurteilung wirkliche Leistungssteigerungen und Verhaltensänderungen ergeben, ist es entscheidend, dass Ihr Mitarbeiter Ihre Beurteilung bzgl. einzelner Leistungen und Verhaltenweisen versteht und nachvollziehen kann. Daher sollten Sie Ihre Einschätzungen anhand konkreter Beispiele belegen und immer wieder überprüfen, ob Ihr Mitarbeiter Sie richtig verstanden hat. Nutzen Sie dazu aktives Zuhören und Fragen (Seite 45 und 49).

1 Auch wenn der Mitarbeiter sehr gespannt auf Ihre Beurteilung ist, bitten Sie ihn dennoch zunächst um seine eigene Leistungseinschätzung. So erfahren Sie mehr über die Selbsteinschätzungsfähigkeit Ihres Mitarbeiters.

2 Legen Sie ihm danach Ihre Einschätzung dar. Beginnen Sie mit einer positiven Beurteilung. Benennen Sie dann Ihre Kritikpunkte und stellen Sie diesen Ihre Erwartungen gegenüber. Nennen Sie ganz konkrete Beispiele, damit Ihr Mitarbeiter versteht, was Sie von ihm erwarten. Nutzen Sie dazu Ihre schriftlichen Notizen und die ausgefüllten Beobachtungsbögen von Seite 36. So sieht der Mitarbeiter, dass Sie sich vorbereitet haben und dass Ihre Beurteilung fundiert ist.

3 Ähneln sich Ihre Einschätzung und die des Mitarbeiters, dann bildet das eine gute Grundlage für das weitere Gespräch und die Entwicklung von geeigneten Zielen und Maßnahmen.

4   Kritisch könnte das Gespräch dann werden, wenn der Mitarbeiter seine Leistungen positiver einschätzt als Sie das tun. Lassen Sie dabei ihm dann immer wieder Gelegenheit, Ihre Einschätzung zu verdauen und seinen Gefühlen (z. B. in Form von Abwehrreaktionen) Luft zu machen. Gehen Sie hier nicht zu schnell auf die sachliche Ebene zurück, sondern erst, wenn den Gefühlen ausreichend Raum gegeben wurde. (siehe auch Seite 41).

5   Seien Sie bereit, sich konstruktiv mit dem Mitarbeiter auseinander zu setzen. Ihre Beurteilung basiert auf Ihren Beobachtungen. Vielleicht haben Sie etwas verzerrt wahrgenommen oder übersehen.

6   Suchen Sie gemeinsam nach den Ursachen für schwache Leistungen. Lassen Sie hier den Mitarbeiter selbst beginnen. Unterstützen Sie ihn mit Fragen wie: Woran könnte das liegen? Welche Ideen haben Sie dazu?

Beispiel: Die Beurteilung durchsprechen

„Herr Lang, kommen wir nun zur grundsätzlichen Betrachtung dessen, wie ich Sie und Ihre Arbeit wahrnehme. Ich habe Sie ja während dieses Jahres immer wieder beobachtet und Ihnen auch immer wieder Feedback gegeben.

Wenn Sie an das vergangene Jahr denken, wo sehen Sie Ihre Stärken? ... Wo hingegen sehen Sie bei sich noch Verbesserungspotenzial? ...

Lassen Sie mich nun meine Einschätzung darlegen. Grundsätzlich ist das Ergebnis meiner Beurteilung positiv. Es gibt einige Punkte, in denen Sie hervorragend abschneiden, wie z. B. bei „Teamfähigkeit". Ich habe immer wieder festgestellt, wie groß Ihr Einsatz für das Team ist. Zuletzt wurde das beim Organisieren des Teamausflugs deutlich.

Daneben gibt es aber auch Punkte, wo ich mir eine stärkere Entwicklung wünsche. In letzter Zeit habe ich Sie sehr zurückhaltend in unseren Teambesprechungen erlebt. Sie melden sich selten von sich aus zu Wort und scheinen nicht mehr engagiert hinter unseren Abteilungszielen zu stehen. Das ist natürlich ein Verhalten, das nicht meinen Erwartungen entspricht und daher ist es mir sehr wichtig, mit Ihnen gemeinsam zu überlegen, woran das liegt.

Wie sehen Sie das? Können Sie meine Einschätzung nachvollziehen?"

> Versuchen Sie Meinungsverschiedenheiten anhand konkreter Beispiele zu klären. Wenn dies nicht möglich ist, dann halten Sie abweichende Einschätzungen im Beurteilungsbogen fest.

Schritt 5: Entwicklungsbedarf und Potenzial klären

In diesem Schritt geht es darum, mögliche Entwicklungsperspektiven des Mitarbeiters auszuloten und konkrete Entwicklungsziele des Mitarbeiters in Bezug auf Kompetenz, Leistung und Arbeitsverhalten zu definieren. Hier ist es wichtig, wirkliche Entwicklungsziele zu definieren und nicht nur Maßnahmen auszuwählen, was oft in der Praxis getan wird. Denn die Maßnahme ist immer nur Mittel zum Zweck. Wenn Ihr Ziel z. B. ist, die Konfliktfähigkeit Ihres Mitarbeiters zu erhöhen, dann ist eine mögliche Maßnahme: Teilnahme an einem Konfliktmanagement-Seminar. Die Teilnahme alleine ist aber kein Garant, dass sich der Teilnehmer in diesem Bereich weiterentwickelt.

1 Formulieren Sie daher gemeinsam mit dem Mitarbeiter einen Endzustand, der sein Verhalten beschreibt, wenn die Defizite beseitigt sind, z. B. „Der Mitarbeiter stellt sich Konflikten und ist bereit, diese im Gespräch zu lösen." Dann kann das Seminar ein sinnvoller Betrag zur Zielerreichung sein, der Fokus liegt aber auf dem Endzustand.

2 Nachdem Sie das Entwicklungsziel definiert haben, überlegen Sie gemeinsam, welche Schritte notwendig sind, um dieses Ziel zu erreichen. Soll der Mitarbeiter bestimmte Seminare besuchen? Oder braucht er eine andere Form der Unterstützung (wie z. B. regelmäßiges Feedback, Training on the Job etc.)? Versuchen Sie den Mitarbeiter über Fragen zu eigenen Ideen anzuregen, wie er das Ziel erreichen will. Eigene Ideen führen in der Regel zu mehr Verbindlichkeit.

> Wenn Ihr Mitarbeiter den Sinn einer Verbesserung überhaupt nicht einsieht, dann macht es zu diesem Zeitpunkt auch keinen Sinn, ihm eine Entwicklungsmaßnahme (z. B. Teilnahme an einer Schulung) zu verordnen. Hier sind Zeit, Geld und Mühe umsonst investiert. Benennen Sie dennoch klar Ihre Erwartungen und vereinbaren Sie ein Folgegespräch zu diesem Thema.

Neben der kurzfristigeren Sicht schauen Sie auch auf die mittelfristige Zukunft. Besprechen Sie gemeinsam, wo der Mitarbeiter in fünf Jahren stehen könnte. Nutzen Sie dazu Ihre Einschätzungen aus der Vorbereitung und dem Personalportfolio (Seite 71). Sprechen Sie die Wünsche Ihres Mitarbeiters sorgfältig durch. Hilfreiche Fragen sind dazu:

- Wo sehen Sie sich in 5 Jahren?

- Welche Tätigkeiten wollen Sie verstärkt ausüben? Welche Arbeiten machen Ihnen besonders Spaß?

- Welche langfristigen Pläne haben Sie im Unternehmen?

3 Geben Sie Ihrem Mitarbeiter auch ehrliches Feedback, wo Sie ihn (momentan) sehen und wo (noch) nicht. Nennen Sie Fähigkeiten und Kompetenzen, die er entwickeln sollte, wenn er sein Karriereziel erreichen will und definieren Sie gemeinsam Maßnahmen oder konkrete Schritte, wie er sich dorthin entwickeln kann.

Schritt 6: Feedback über die Zusammenarbeit

Falls Sie sich von Ihrem Mitarbeiter Feedback zu Ihrem Führungsverhalten geben lassen wollen, können Sie das Gespräch mit folgenden Fragen leiten:

- Wie fanden Sie unsere Zusammenarbeit im letzten Jahr?

- Was würden Sie sich von mir anders wünschen?

- Was soll ich so beibehalten, wie es ist?

- Wo brauchen Sie mehr Unterstützung von mir?

- In welcher Form wünschen Sie sich Unterstützung?

Checkliste: Umgang mit Feedback

- Lassen Sie Ihr Gegenüber ausreden und hören Sie Ihm aufmerksam zu.

- Wiederholen Sie das Gehörte mit eigenen Worten, um sicherzustellen, dass Sie beide vom gleichen Sachverhalt ausgehen. Fragen Sie nach, wenn Sie etwas nicht genau verstanden haben.

- Bitte rechtfertigen Sie sich nicht. Das hält Sie davon ab, das Feedback richtig aufzunehmen.

- Was Sie aber stattdessen tun können: Teilen Sie Ihrem Gegenüber Ihre Reaktion mit, z. B. „Das überrascht mich".

- Bedanken Sie sich bei Ihrem Gegenüber. Denken Sie immer daran: Es ist ein gutes Zeichen, wenn jemand den Mut hat, Ihnen ein ehrliches und konstruktives Feedback zu geben. Es zeigt, dass Sie ihm wichtig sind!

Feedback ist nicht unbedingt die Wahrheit, es ist lediglich die Sichtweise einer anderen Person. Sie müssen dieses Feedback daher nicht annehmen, aber Sie können sich fragen, was Sie dazu beigetragen haben, dass Sie so wahrgenommen werden.

Auch wenn das Feedback im ersten Moment unangenehm ist: Die eigene Wahrnehmungsfähigkeit ist begrenzt, und das Feedback von anderen kann einem daher helfen, sich objektiver zu sehen.

Schritt 7: Vereinbarungen schriftlich festhalten

Das Protokoll ist eine Aufzeichnung für Sie und für den Mitarbeiter. Halten Sie darin schriftlich und verbindlich fest, auf welche Ziele und Vereinbarungen Sie sich geeinigt haben und wann diese erreicht sind.

Protokoll des Jahres- und Zielvereinbarungsgesprächs	
Name Mitarbeiter/in:	
Name Vorgesetzte/r:	
Datum des Gesprächs:	
Rückblick auf die Zielerreichung	
Wie war die Zielerreichung der Ziele des Vorjahrs?	
Welche Faktoren waren bei der Zielerreichung förderlich?	
Welche Faktoren waren bei der Zielerreichung hinderlich?	
Einschätzung des Mitarbeiters:	
Einschätzung des Vorgesetzten:	
Vereinbarung:	

Vereinbarte Ziele und Zielerreichungskriterien

Ziel 1:

Ziel 2:

Ziel 3:

...

Maßnahmen zur bzw. Unterstützung bei der Erreichung der Ziele:

Vereinbarte Kontrollen (Art und Umfang) bei der Zielerreichung bzw. bei der Leistungsverbesserung und Entwicklung:

Beurteilung

Siehe Beurteilungsbogen

In welchen Punkten gab es unterschiedliche Einschätzung zwischen Mitarbeiter und Vorgesetzten:

Entwicklungsbedarf und Potenzial des Mitarbeiters:

Definierte Entwicklungsziele und dazu gehörige Maßnahmen

Entwicklungswünsche
des Mitarbeiters:

Einschätzung des Vorgesetzten:	
Vereinbarte Ziele und Maßnahmen:	
Wie war die Zusammenarbeit mit dem bzw. Unterstützung durch den Vorgesetzten im Vorjahr:	
Einschätzung des Mitarbeiters:	
Einschätzung des Vorgesetzten:	
Vereinbarung:	
Unterschrift Mitarbeiter	
Unterschrift Führungskraft	

Überprüfen Sie abschließend nochmals die im Protokoll getroffenen Vereinbarungen: Sind sie verbindlich genug, um als unmissverständlicher Fahrplan für das kommende Jahr (bzw. den jeweils festgelegten Zeitraum) zu dienen?

Checkliste: Sind die Vereinbarungen korrekt?

Ist klar erkennbar, wer mit wem bis wann was macht?

- Wer = Wer ist Hauptverantwortlicher?

- Was = Was genau soll gemacht werden?

- Mit wem = Wer ist noch zu beteiligen?

- Bis wann = Welcher konkrete Termin steckt dahinter?

Wurde festgehalten, welche Zwischenschritte nötig sind?

Ist definiert, wie die Kontrolle oder Feedback-schlaufe aussieht?

- Wer kontrolliert?

- Wer informiert wen wann?

- In welchem Umfang?

Wurden Prioritäten gesetzt? (z. B. bei mehreren Zielen)

Sind die für die Umsetzung notwendigen Maß-nahmen ebenfalls nach „Wer macht was mit wem bis wann" festgehalten?

Schritt 8: Das Gespräch abschließen

1 Teilen Sie Ihrem Mitarbeiter Ihr Resümee des Gesprächs mit und fragen Sie ihn, wie es ihm mit diesen Vereinbarungen geht.

2 Beenden Sie das Gespräch positiv und motivierend mit persönlichen und freundlichen Worten, indem Sie sich bei Ihrem Mitarbeiter für das offene Gespräch bedanken und ihm beispielsweise viel Erfolg für das geplante Vorhaben wünschen.

Beispiel

„Herr Lang, nun haben wir einiges besprochen. Ich möchte mich an dieser Stelle für Ihre Offenheit bedanken, ich fand das Gespräch sehr angenehm und produktiv.

Lassen Sie mich noch einmal festhalten: Wir haben uns darauf geeinigt, dass wir im nächsten Jahr vor allem das Thema „Kundenorientierung" angehen wollen.

Sie haben sich das Ziel gesetzt, mit Kundeneinwänden besser umzugehen. Dazu werden Sie an einer Schulung teilnehmen und wir werden uns darüber hinaus einmal pro Monat dazu zusammensetzen.

Ich denke, dass Sie gute Fortschritte machen werden und biete Ihnen gerne an, dass Sie auch außerhalb unserer vereinbarten Termine mich ansprechen können.

Wie geht es Ihnen mit unseren Vereinbarungen?

…

Dann wünsche ich Ihnen jetzt noch einen schönen Abend. Wenn sich nachträglich noch irgendwelche Fragen ergeben sollten, sprechen Sie mich bitte einfach an. "

Schritt 9: Das Gespräch nachbereiten

Im Anschluss sollten Sie in jedem Fall das Gespräch nachbereiten. Idealerweise bitten Sie Ihren Mitarbeiter, das auch zu tun und noch mal eine Klärung mit Ihnen zu suchen, sollten sich im Nachhinein offene Punkte herausstellen. Für Ihre Nachbereitung empfiehlt sich, ähnlich wie bei der Vorbereitung (siehe Seite 76), das Eisberg-Modell präsent zu haben:

- **Sachebene:** Sind aus den Vereinbarungen konkrete Aufgaben für Sie entstanden, die Sie nun erledigen oder delegieren müssen?
- **Beziehungsebene:** Wie lief das Gespräch? Mit welchen Punkten sind Sie zufrieden, was hätte besser laufen können? Was nehmen Sie sich für das nächste Gespräch vor?

So meistern Sie schwierige Gesprächsituationen

Wie Sie Kritik üben

Je kritischer Ihre Rückmeldung gegenüber dem Mitarbeiter ist, desto wichtiger ist eine gründliche Vorbereitung auf das Gespräch. Den meisten Führungskräften fällt konstruktive Kritik schwer. Die Gefahr, den Mitarbeiter damit zu demotivieren, ist daher hoch. Nutzen Sie diese Tipps für Ihre Vorbereitung:

- Wo genau liegen die Schwierigkeiten in der Zusammenarbeit?

- Welches Verhalten wünschen Sie sich für die Zukunft? Welche konkreten Anliegen haben Sie?

- Was schätzen Sie an Ihrem Mitarbeiter? Halten Sie sich das vor Augen und drücken Sie dies auch im Gespräch aus. So geben Sie dem Mitarbeiter das Gefühl, dass er realistisch und nicht generell negativ eingeschätzt wird.

Beispiel: Eine kritische Rückmeldung formulieren

 „Sie wissen, ich schätze Sie als außerordentlich zuverlässigen Mitarbeiter, der durch seine Erfahrung einen wichtigen Teil zum Erfolg der Abteilung beiträgt. Ich möchte heute einen Punkt mit Ihnen besprechen, an dem ich mir eine Veränderung wünsche: Ihr Verhalten den Teamkollegen gegenüber. Mir ist in den letzten Wochen aufgefallen, dass Sie sich häufig ausgrenzen, bei gemeinsamen Mittagessen nicht mitgehen, ..."

Checkliste: Kritisches Feedback

- **Reden Sie nicht um den heißen Brei herum**! Hinauszögern führt nur dazu, dass der Mitarbeiter sich fühlt, als würde er auf die Schlachtbank geführt. Sagen Sie also gleich zu Beginn, worum es Ihnen heute geht. Drücken Sie klar und dennoch konstruktiv Ihre Kritik aus.

- **Verwässern Sie nichts.** Schwächen Sie Ihre Kritik nicht ab, etwa mit Worten wie „etwas", „manchmal", „vielleicht".

- **Belegen Sie Kritik mit konkreten Beispielen.** Damit verhindern Sie, dass Sie verallgemeinern und verurteilen. Und Ihr Mitarbeiter kann die Kritik besser nachvollziehen.

- **Machen Sie Pausen**: Geben Sie dem Gesprächpartner Zeit, das Gehörte zu verarbeiten. Zu schnelles Reden geschieht meist aus dem eigenen Unbehagen heraus. Seien Sie sich bewusst, dass diese Situation Ihrem Mitarbeiter mindestens so unangenehm ist wie Ihnen.

- **Versetzen Sie sich in die Lage Ihres Mitarbeiters**: Was würde Ihnen an seiner Stelle helfen, sich einigermaßen wohl zu fühlen und die Kritik annehmen zu können?

- **Bleiben Sie konstruktiv**: Richten Sie immer den Blick in die Zukunft: Was wünschen Sie sich konkret? Was soll sich verändern? Zeigen Sie die Vorteile eines alternativen Verhaltens im Vergleich zum kritisierten Fehlverhalten auf.

- **Treffen Sie Vereinbarungen**: Was will der Mitarbeiter konkret tun, um dies zu ändern? Wie sollen Sie ihn unterstützen?

Weitere Tipps zum Umgang mit kritischem Feedback finden Sie ab Seite 118.

Beispiel: Eine kritische Rückmeldung, Teil 2

„Gerade angesichts der großen Belastung, die durch das neue Projekt in den kommenden Monaten auf uns zukommt, müssen wir im Team gut zusammenarbeiten. Daher macht es mir große Sorge, wenn ich sehe, dass Sie sich abgrenzen. Ich finde, Ihr

Verhalten wurde auch in den letzten drei Teamsitzungen sichtbar. Sie haben ausschließlich Aufgaben übernommen, die Sie alleine erarbeiten können und jegliche Mitarbeit und Unterstützung der anderen Kollegen abgelehnt. Dieses Verhalten kann ich nicht weiter unkommentiert lassen, denn es führt dazu, dass der Austausch im Team leidet und dass viel Energie darauf verwendet wird, Fraktionen zu bilden.

Natürlich interessiert es mich, wie es zu dem Verhalten kam, können Sie mir dazu etwas sagen? Ist irgendetwas vorgefallen, weshalb Sie sich abgrenzen? Wenn es etwas gibt, möchte ich das schnell im Team klären, bevor die Zusammenarbeit weiter leidet. ...

Lassen Sie uns gemeinsam überlegen, wie wir diese Situation ändern können. Sie müssen nicht befreundet sein mit den anderen Kollegen, aber ich erwarte ein arbeitsfähiges Team, in dem jeder mit jedem spricht und arbeitet.

Wenn der Mitarbeiter die Ziele nicht akzeptiert

Zielvereinbarungen sollen Veränderung bringen. Veränderungen erzeugen Unsicherheit und Widerstände – das ist völlig normal und verständlich. Dass es in Zielvereinbarungsgesprächen zu Konflikten kommt, ist auch verständlich – insbesondere in Verbindung mit einer Beurteilung, die sich wiederum auf das Gehalt auswirkt. Sie als Führungskraft sollten Konflikte als Chance sehen, die Notwendigkeit von Veränderungen mit dem Mitarbeiter zu diskutieren und diesen für Veränderungen zu gewinnen. Folgende Fragen helfen Ihnen in einer solchen Situation:

- Welchen Sinn machen die Ziele für unser Unternehmen? Inwieweit ist der Unternehmenserfolg wichtig für den Mitarbeiter?

- Aus welchen Gründen akzeptiert er die Ziele nicht? Unterscheiden Sie dabei die emotionalen von den sachlichen Aspekten.

- Welche Einwände hat der Mitarbeiter bezüglich des Ziels? Wie könnten diese gemildert werden? Wie könnte man sie bei der Umsetzung des Ziels berücksichtigen?

- Welche Lösungen wären prinzipiell möglich (vor der Festlegung erst möglichst viele Ideen entwickeln)?

Wenn der Mitarbeiter die Ziele für nicht erreichbar hält

Konflikte über die Zielhöhe sind viel schwieriger zu objektivieren und zu lösen. Anhand möglichst konkreter Beispiele sollten die Gesprächspartner zeigen, warum sie die Ziele für unrealistisch halten. Die beste Lösung in diesem Fall ist es, wenn die Gesprächspartner gemeinsam die zur Zielerreichung notwendigen Maßnahmen entwickeln und deren Realisierbarkeit diskutieren. Achten Sie in dieser Situation ganz besonders auf die (unausgesprochenen) Gefühle des Mitarbeiters. Sprechen Sie diese an und versuchen Sie diese zu klären.

Beispiel: Emotionen gekonnt ansprechen

 Nachdem Sie Ihrer Mitarbeiterin Frau Wimpe das vorgegebene Ziel mitgeteilt habe, sagt diese in sarkastischem Ton: „Na, das motiviert ja richtig."

Weil Sie Frau Wimpe kennen und Sie deren Einstellung eh schon ein wenig nervt, könnten Sie erwidern: „Ach, Sie immer mit Ihrer negativen Einstellung." Doch damit würde das Gespräch schnell auf eine unkonstruktive Ebene kommen.

Versuchen Sie die Emotionen Ihrer Mitarbeiterin herauszuhören und sagen z. B. „Sie fühlen sich richtig unwohl mit dem Ziel, stimmt's?" Damit holen Sie Frau Wimpe aus ihrer wenig konstruktiven Sicht und nehmen gleichzeitig ihre Gefühle ernst.

Nachdem Sie dies getan haben, können Sie nun schauen, an welchen Punkten genau Frau Wimpe das Ziel für unrealistisch hält: „Frau Wimpe, lassen Sie uns gemeinsam schauen, mit welchen Schritten Sie dieses Ziel erreichen könnten, dann können wir besser abschätzen, wo es schwierig wird oder wo Sie Unterstützung brauchen könnten und wo aber auch nicht."

Wenn der Mitarbeiter die Beurteilung nicht akzeptiert

Es kann immer wieder vorkommen, dass Sie und Ihr Mitarbeiter zu einer unterschiedlichen Einschätzung bezüglich einzelner Kriterien kommen. Diskutieren Sie diese Kriterien gemeinsam und seien Sie auch offen dafür, Ihre eigene Einschätzung zu revidieren, wenn Ihr Mitarbeiter Aspekte einbringt, die Sie bei der Beurteilung nicht berücksichtigt haben. Folgende Fragen helfen Ihnen bei Ihrem Austausch:

- Welcher Auslegung der Bewertungskriterien und welche Beobachtungen liegen Ihrer jeweiligen Einschätzungen zu Grunde?

- Gibt es da Gemeinsamkeiten oder Unterschiede? Wenn es Unterschiede gibt, können Sie sich auf gemeinsame Auslegung der Bewertungskriterien einigen?

- Würde es helfen, wenn Sie in Ihrer Einschätzung Dritte einbeziehen? Wenn ja, wer könnte in Frage kommen?

Wenn der Mitarbeiter sehr emotional wird, weint oder schimpft?

Wenn Ihr Mitarbeiter von starken Gefühlen übermannt wird, ist der wichtigste und damit erste Schritt, dass Sie ihm Raum für seine Gefühle geben. Auch wenn es Ihnen unangenehm ist. Wahrscheinlich ist es Ihrem Mitarbeiter noch unangenehmer. Lassen Sie ihm etwas Zeit und signalisieren Sie ihm mit ihren Worten, dass Sie seine Gefühle wahrnehmen. „Das macht Sie gerade sehr traurig, nicht wahr?" oder: „Sie sind darüber jetzt sehr wütend." Auch wenn sich die Gefühle des Mitarbeiters in Wut, Aggressionen und Vorwürfen äußert, nehmen Sie sie erst mal wahr. Hier gilt:

Oft steigen bei Ihnen ebenfalls Gefühle wie Wut oder Ärger hoch, holen Sie dreimal tief Luft, damit diese Gefühle wieder abflauen können und Sie wieder klar denken können. Falls Sie merken, dass weder Sie noch Ihr Mitarbeiter derzeit in der Lage sind, konstruktiv zu reden, vertagen Sie das Gespräch, allerdings mit einem konkreten Termin.

Sind Sie in der Lage, das Gespräch weiterzuführen, dann geht es nun darum, zuzuhören, was Ihnen der Mitarbeiter vorwirft. Unterscheiden Sie dabei: wo steht ein konkreter Vorwurf dahinter, wo geht es nur darum, Wut abzulassen? Bitten Sie Ihren Mitarbeiter darum, die Vorwürfe zu konkretisieren. Was genau meint er damit? In welchem Kontext? Fassen Sie die Vorwürfe zusammen und fragen Sie nach, ob Sie ihn richtig verstanden haben. Überlegen Sie gemeinsam, welche Lösungen es geben könnte, um diese Probleme zu lösen.

Wenn der Mitarbeitern bereits „innerlich gekündigt" hat?

Wenn Sie diese Vermutung haben, ist es umso wichtiger, dass Sie die Chance eines solchen Gesprächs nutzen. Bauen Sie eine vertrauensvolle Atmosphäre auf, indem Sie mit Ihrem Mitarbeiter ein offenes und ehrliches Gespräch führen.

Stellen Sie möglichst viele offene Fragen: Wie geht es ihm? Was läuft gerade nicht so gut? Was stört ihn im Moment? Schildern Sie ihm Ihren Eindruck, dass Sie das Gefühl haben, er sei in letzter Zeit freudloser und unbeteiligter. Achten Sie aber auch darauf, wie viel der Mitarbeiter von sich preisgeben will und respektieren Sie seine Grenzen.

Wenn Ihr Mitarbeiter sich öffnet und zu reden anfängt, dann hören Sie ihm einfach zu. Geben Sie ihm Raum und versuchen Sie wirklich, seinen Standpunkt zu verstehen. Dabei hilft Ihnen aktives Zuhören und Nachfragen!

Sie können diesen Mitarbeiter nur wieder motivieren, wenn er sich verstanden fühlt. Daher geht es im ersten Schritt nicht darum, seine Sichtweise zu „verändern", selbst wenn Sie der Meinung sind, dass man die Dinge auch ganz anders sehen könnte. Lassen Sie seine Sichtweise stehen, es geht darum, ihn dort abzuholen, wo er im Moment steht.

Klären Sie, was Sie gemeinsam tun können, um Abhilfe für die verschiedenen Punkte zu schaffen. An welchen Punkten können Sie ansetzen, was würde ihn wieder motivieren?

Wenn der Mitarbeiter zu viele private Gesprächsinhalte mit einbringt?

Wenn Sie das Gefühl haben, die privaten Themen stehen im Bezug zu seiner beruflichen Situation, ist es oft hilfreich, diesem Thema Platz einzuräumen. Wie viel und in welcher Intensität, das müssen Sie spontan entscheiden: Wie ist Ihre Beziehung? Wie wohl fühlen Sie sich mit solchen Themen? Vielleicht hilft es dem Mitarbeiter, wenn er nicht verstecken muss, dass z. B. seine Ehe gerade in einer schwierigen Phase steckt.

Wenn Sie aber das Gefühl haben, dass Sie mit dem Thema überfordert sind, dann zeigen Sie freundlich Verständnis für seine schwierige Situation, verweisen ihn aber an einen besser geeigneten Ansprechpartner, gegebenenfalls einen Spezialisten, z. B. eine Beratungsstelle oder einen Therapeuten. Personalabteilungen haben oft geeignete Ansprechpartner und Adressen. Dies ist insbesondere bei Suchtproblematiken wichtig.

Machen Sie Ihrem Mitarbeiter aber klar, dass es Ihnen wichtig ist, dass er sein Problem ernst nimmt und sich auf die Suche nach Lösungen macht. Wenn Sie nach einiger Zeit das Gefühl haben, dass sich nichts oder wenig geändert hat, sprechen Sie ihn nochmals darauf an.

Wenn der Mitarbeiter kein Gespräch führen will?

Einen Mitarbeiter zum Jahres- oder Zielvereinbarungsgespräch zu überreden, macht wenig Sinn. Das führt in der Regel nur dazu, dass dieses Gespräch eine Farce wird. Aber dennoch sollten Sie den Kontakt zum Mitarbeiter suchen:

- Fragen Sie nach Gründen, warum er das Gespräch abgelehnt. Hören Sie genau zu, denn bereits hier können Sie viel erfahren, wo der Mitarbeiter gerade steht, was ihn nervt und stört.

- Erläutern Sie ihm, warum Ihnen das Gespräch mit ihm wichtig ist und sagen Sie ihm, warum Sie denken, dass es auch für ihn eine Chance wäre.

- Geben ihm Bedenkzeit für eine überschaubare Zeit.

Grundregeln für schwierige Situationen

- Gesprächsbeginn und -abschluss sollen konstruktiv und freundlich sein.

- Stellen Sie möglichst viele offene Fragen (W-Fragen)

- Hören Sie - aktiv - zu (z. B. Aussagen wiederholen)

- Geben Sie dem Mitarbeiter Zeit im Gespräch (mindestens soviel wie sich selber, eher mehr)

- Beschränken Sie sich auf die Punkte, die für den Arbeitsplatz Ihres Mitarbeiters besonders wichtig sind.

Auf einen Blick: Durchführung der Gespräche

- Nennen Sie zu Beginn des Jahresgesprächs nochmals die Themen, um die es geht.

- Wenn ihr Mitarbeiter Ziele nicht erreicht hat, fragen Sie nach den Ursachen und danach, wie Ihr Mitarbeiter die Ziele hätte erreichen können.

- Formulieren Sie die neuen Ziele nach dem SMART-Schema.

- Beginnen Sie die Mitarbeiterbeurteilung mit einer positiven Einschätzung. Dann kann ihr Mitarbeiter kritisches Feedback besser annehmen.

- Vereinbaren Sie mit Ihrem Mitarbeiter neben den Leistungszielen auch Entwicklungsziele, in denen seine Kompetenz und seine Potenziale im Mittelpunkt stehen.

- Halten Sie die Vereinbarungen schriftlich fest.

Wirksam kontrollieren und motivieren

Nach dem Jahresgespräch folgen unterjährig weitere kürzere Feedback- bzw. Kontrollgespräche zwischen Ihnen und Ihrem Mitarbeiter. Sie dienen dazu, die Entwicklung der Zielerreichung sowie die Arbeitsleistung des Mitarbeiters zu überprüfen und zu bewerten.

In diesem Kapitel lesen Sie,

- was das Ziel der unterjährigen Kontrolle ist (S. 108),
- wie Sie bei Fehlentwicklungen entsprechende Gegenmaßnahmen vereinbaren (S. 115),
- in welchen Fällen Sie das Ziel an veränderte Rahmenbedingungen anpassen sollten (S. 116) und
- wie Sie Ihre Mitarbeiter mit Feedback unterstützen können (S. 117).

Ziele und Aufgaben

Sie sind als Führungskraft letztendlich verantwortlich für das Ergebnis Ihrer Abteilung, daher gehört es zu Ihrer Führungsaufgabe, regelmäßig zu überprüfen, inwieweit Ihre Mitarbeiter zum Erfolg der Abteilung beitragen. Kontrolle alleine ist jedoch selten dazu geeignet, die Leistung Ihrer Mitarbeiter zu steigern, stattdessen ist eine Kombination aus Kontrolle und Unterstützung des Mitarbeiters durch z. B. Coaching sinnvoll. Wie Ihre eigene Kombination aus Kontrolle und Unterstützung aussieht, hängt von verschiedenen Faktoren ab:

- **Vom Reifegrad Ihrer Mitarbeiter:** Unerfahrene Mitarbeiter müssen öfter kontrolliert und angeleitet werden, wohingegen erfahrene Mitarbeiter nur bei Bedarf gecoacht werden müssen.

- **Von der aktuellen Situation in Ihrer Abteilung:** In Krisenfällen ist oft ein direktiver, kontrollierender Führungsstil notwendig, während in ruhigeren Zeiten die Mitarbeiter freier agieren können und Sie im Bedarfsfall individuell auf Ihre Mitarbeiter eingehen können.

- **Von Ihrem Führungsstil:** Führen Sie Ihre Mitarbeiter lieber kooperativ-unterstützend oder direktiv-steuernd?

So kontrollieren Sie motivierend

Wenn Ihre Kontrolle nicht mitarbeitergerecht ist, kann das für den einzelnen Mitarbeiter demotivierend wirken. Nehmen wir beispielsweise einen Mitarbeiter, der gerne sehr eigenverantwortlich und mit Spielraum arbeitet – und Sie fragen sehr häufig nach dem Stand des Projektes und lassen ihn zudem einzelne Schritte dokumentieren. Dies wirkt auf den Mitarbeiter als hätten Sie kein Vertrauen in seine Arbeitsweise. Umfragen zeigen immer wieder: Mitarbeiter sind dann am stärksten motiviert, wenn

- sie die Möglichkeit haben, den eigenen Aufgabenbereich aktiv mitzugestalten,
- sie klare, aber realistische Zielvereinbarungen haben,
- sie Unterstützung bei Problemen bekommen und
- ihre Führungskraft ihnen konstruktive Rückmeldung gibt

Grundlage dafür ist, dass Sie und Ihre Mitarbeiter im Dialog sind, dass Sie in eine faire und konstruktive Kommunikation miteinander eintreten. Dazu sind nicht nur gründliche Gespräche wie das Jahresgespräch geeignet, sondern auch regelmäßige Feedback- oder Kontrollgespräche. Wie Sie diese Gespräche gelungen führen, lesen Sie ab Seite 114 und 118.

Am Beispiel Zielvereinbarung lässt sich gut darstellen, wie sich die Motivation der Mitarbeiter durch regelmäßige ehrliche und offene Gespräche verbessert. Angenommen, Sie und Ihr Mitarbeiter haben im Zielvereinbarungsgespräch SMARTe Ziele definiert, die sowohl zum Geschäftsauftrag als auch zum Mitarbeiter passen. Dann lässt sich in der Zeit nach dem Zielvereinbarungsgespräch tendenziell eine hohe Motivation auf Seite des Mitarbeiters feststellen. Nach einiger Zeit sinkt diese Motivation graduierlich, weil im Alltag neue Aufgaben hinzukommen und sich der Mitarbeiter zudem mit den ersten Hürden und Schwierigkeiten bei der Umsetzung des Ziels

konfrontiert sieht. Wenn Sie als Führungskraft jetzt das Ge-
spräch mit Ihrem Mitarbeiter suchen und ihm Hilfe bei der
Problemlösung anbieten, dann steigt die Motivationskurve
Ihres Mitarbeiters wieder deutlich an.

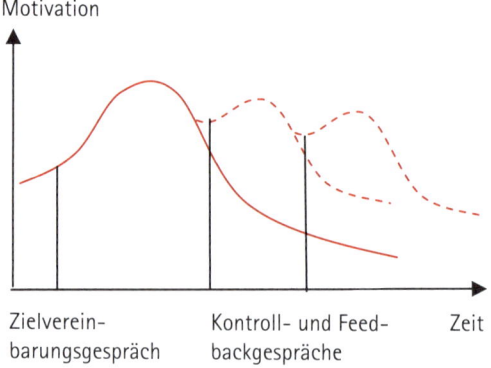

Die Motivationskurve

Effiziente Instrumente

Besprechen Sie mit Ihren Mitarbeitern, was er selber kontrolliert und wo Sie als Chef kontrollieren wollen.

Stärken Sie die Eigenverantwortung: Selbstkontrolle

Bei der Selbstkontrolle überprüft der Mitarbeiter die eigene
Zielerreichung anhand der mit Ihnen in der Zielvereinbarung
bzw. im Jahresgespräch festgelegten Kriterien. Nun müssen

Sie noch entscheiden, in welcher Form Sie die Selbstkontrolle besprechen oder überprüfen werden. Wenn Sie aktiv informiert werden wollen, vereinbaren Sie mit Ihrem Mitarbeiter genau, welche Informationen Sie in welchen Abständen benötigen, damit Sie sich sicher fühlen. Das entlastet Sie und Ihre Mitarbeiter von unangenehmen und zeitaufwendigen Kontrollen. Ein weiterer Vorteil der Selbstkontrolle: Sie zeigen dem Mitarbeiter Ihr Vertrauen in ihn, Sie stärken seine Selbstverantwortung, was zu einer erhöhten Motivation führen kann.

Beispiel: Selbstkontrolle

Im Rahmen der Zielvereinbarung haben Sie mit Ihrer Mitarbeiterin, der erfahrenen Projektleiterin Frau Sonne folgendes Ziel vereinbart: „Der Bau des 10-stöckigen Geschäftshauses erfolgt termingerecht und innerhalb des geplanten Budgets".

Zu diesem Ziel haben Sie vereinbart, dass Frau Sonne Ihre Zielerreichung selber kontrolliert, indem sie einmal pro Monat den Stand der Dinge in einer Übersicht zusammenfasst, die sie Ihnen dann auch zur Kenntnis schickt. Diesen Bericht sprechen Sie beide nur bei Bedarf durch. Weiterhin haben Sie vereinbart, dass Frau Sonne im Fall einer Kostensteigerung von mehr als 5% bei einem Gewerk sofort ein Gespräch mit Ihnen suchen wird.

Selbstverständlich kann auch eine in der Beurteilung vereinbarte Verhaltensänderung durch den Mitarbeiter selbst kontrolliert werden. Nötig sind hierzu wieder klare Maßnahmen und Erfolgskriterien, an denen man das gewünschte Verhalten erkennen kann.

Beispiel: Kundenserviceverhalten

 Der Mitarbeiter soll zukünftig selbst auf die Kunden im Verkaufsraum zugehen, freundlich grüßen, nach deren Wünschen fragen und entweder selbst weiterhelfen, oder den Kunden zum zuständigen Kollegen begleiten.

Fremdkontrolle

Sie kontrollieren selbst die Zielerreichung Ihres Mitarbeiters. Ihr Vorteil: Sie wissen immer, wo Ihr Mitarbeiter in punkto Zielerreichung steht und haben damit einen aktuellen Überblick über den Leistungsstand Ihres Teams, wofür Sie letzten Endes ja auch die Verantwortung tragen. Nachteil aber: Der Mitarbeiter kann sich so fühlen, als würden Sie ihm nicht vertrauen, bzw. ihm wenig zutrauen, was demotivierend wirken kann.

Bei formellen Kontrollen vereinbaren Sie Meilensteine, an denen Sie den Grad der Zielerreichung überprüfen. Oder Sie vereinbaren regelmäßige Meetings, in denen jeder Mitarbeiter kurz über den Stand seiner Arbeit informiert. Dies ist bei projekthafter Arbeit wichtig, insbesondere wenn die Aufgaben der Mitarbeiter miteinander verzahnt sind.

Bei Ihren informellen Kontrollen nutzen Sie alltägliche Gelegenheiten, indem Sie beispielsweise eine Runde durch die Abteilung drehen und sich bei einzelnen Mitarbeitern nach dem Stand der Dinge, den tagesaktuellen Aufgaben u. ä. erkundigen. Oder Sie nutzen eine Rauch- bzw. Kaffeepause, um bei einem informellen Gespräch nach dem letzten Kundenbesuch, der Projektbesprechung oder der Auftragslage zu fragen. Legen Sie dabei Ihren Fokus nicht ausschließlich auf die Sache, sondern auch auf die Person.

Umfang und Intensität Ihrer Kontrolle

Bezüglich des Umfangs und der Intensität der Kontrolle können Sie sich an den Vereinbarungen orientieren, die Sie mit Ihrem Mitarbeiter getroffen haben. Über diese Vereinbarung hinaus haben Sie noch die Aufgabe, bei Veränderungen oder Einschnitten auf Seiten der Geschäftsstrategie, bei Leistungseinbrüchen und Verhaltensauffälligkeiten auf Seiten des Mitarbeiters steuernd einzuwirken. Zudem richten sich die Kontrollen nach:

- Kompetenz und Erfahrung des Mitarbeiters
- Sorgfalt des Mitarbeiters im Umgang mit seiner Arbeit
- der momentanen Motivation des Mitarbeiters
- der Bedeutung der jeweiligen Aufgabe für das Unternehmen.

Es ist also durchaus sinnvoll und nötig, unterschiedliche Mitarbeiter unterschiedlich intensiv zu kontrollieren. Bei einem unerfahrenen Mitarbeiter haben Sie nicht nur das Recht, sondern sogar die Pflicht, genauer hinzuschauen. Genauso müssen Sie bei einem unzuverlässigen Mitarbeiter mehr Kontrolle ausüben als bei einem äußerst zuverlässigen. Und schließlich müssen Sie, sobald ein Mitarbeiter Ihnen Anlass zur Besorgnis gibt, genauer hinsehen.

> Vertrauen Sie beim Kontrollieren Ihrem Gefühl. Wenn Sie bei einer Sache ein ungutes Gefühl haben, dann fragen Sie so lange nach, bis es verschwindet. Bedenken Sie aber auch: Je genauer Sie suchen, desto wahrscheinlicher ist es, dass Sie auch etwas finden, etwas Positives oder etwas Negatives.

Kontrollgespräche führen

Bei regelmäßigen Kontrollgesprächen, die Sie bereits im Jahres- bzw. Zielvereinbarungsgespräch vereinbart haben, besprechen Sie den Stand der Dinge bezüglich der vereinbarten Ziele anhand folgender Fragen:

- Wo stehen wir heute? Welche Zwischenergebnisse oder Meilensteine wurden erreicht?
- Wie läuft es mit der Zusammenarbeit?
- Was ist gut gelaufen?
- Wo gab es Schwierigkeiten und wie wurden diese gelöst?

Sind Probleme aufgetreten, können Sie ihn dabei unterstützen, seine Problemlösungskompetenzen zu stärken. Sie können ihn mit lösungsorientierten Fragen coachen:

- Welche Ideen haben Sie, um das Problem zu lösen? Was wären die notwendigen Schritte dazu?
- Wen müsste man einbeziehen?
- Wo benötigen Sie noch Unterstützung? Wer kann diese leisten?
- Welche Risiken sehen Sie bei den Lösungsideen?

- Wie können wir diesen Risiken vorbeugen?
- Wann ist es sinnvoll, dass wir wieder darüber sprechen?

Was tun, wenn die Zielerreichung in Gefahr ist

Die Suche nach dem Schuldigen bringt in diesen Fällen wenig. Daraus wird der Mitarbeiter weder etwas lernen noch wird es ihn dazu motivieren, seine Leistung im weiteren Verlauf zu verbessern. Um aus der Erfahrung zu lernen, macht es daher Sinn, gemeinsam mit dem Mitarbeiter nach der Ursache für die mangelnde Zielerreichung zu suchen. Dabei können Ihnen folgende Fragen helfen:

- War unsere Zielsetzung unrealistisch? Haben wir uns ein zu hohes Ziel gesetzt?
- Haben wir wichtige Rahmenbedingungen falsch eingeschätzt? Oder haben wir bestimmte Rahmenbedingungen gar nicht erst berücksichtigt?
- Hätten wir an irgendeiner Stelle bereits früher eingreifen können?
- Wie stellen wir für den weiteren Verlauf sicher, dass wir weitere Abweichungen früh genug erkennen?
- Wie und wo könnten wir noch nachsteuern?
- Was brauchen Sie als Mitarbeiter, um das Ziel doch noch zu erreichen?
- Wie kann ich Sie dabei unterstützen?

Wann macht es Sinn, Ziele unterjährig anzupassen?

Wenn Sie im Laufe des Jahres merken, dass sich entscheidende Rahmenbedingungen geändert haben und somit ein Festhalten an dem bisherigen Ziel keinen Sinn mehr macht, dann sollten Sie das Ziel anpassen oder eine neue Vereinbarung treffen. Dies kann z. B. der Fall sein:

- wenn Ihr Unternehmen aufgrund veränderter Marktbedingungen seine Strategie ändern muss.

- wenn sich aufgrund einer Umstrukturierung im Unternehmen das Aufgabenfeld des Mitarbeiters verändert

- wenn sich entscheidende, von Ihnen nicht beeinflussbare Rahmenbedingungen verändern, so dass die Zielerreichung komplett unrealistisch geworden ist.

Beispiel

Das Ziel für Herrn Zach für den laufenden Beurteilungszeitraum ist die Reduzierung der Verbrauchsgüterkosten in seinem Bereich auf 13.500,-€.

Er bestellt Papier, das zwar billiger ist, auf dem aber die Druckertinte ständig verschmiert. Dies führt zu Mehrarbeit und wiederholten Ausdrucken. Als im Laufe des Jahres auch noch die Marktpreise für Papier steigen, sieht Herr Zach seine Zielerreichung in weiter Ferne gerückt. Frustriert und verärgert bittet er seinen Vorgesetzten um ein Feedbackgespräch.

Gemeinsam finden sie eine Lösung: Das ergänzte Ziel lautet nun: Eine Reduzierung des Papierverbrauchs um 5% gemessen am Verbrauch des letzten Jahres.

Manches Ziel ist schnell formuliert und jeder glaubt, die Bedingungen der Zielerreichung sind allen klar. Gerade bei diesem einfachen Beispiel (wie der Reduzierung von Kosten) wird jedoch deutlich, dass die Erreichung eines Ziels meist von einer Reihe von Faktoren abhängt, auf die der Mitarbeiter häufig keinen Einfluss hat.

> Achten Sie daher bereits bei der Formulierung des Ziels, dass Faktoren, auf die der Mitarbeiter keinen Einfluss hat, ausgeschlossen oder berücksichtigt werden.

Sollte ein Ziel aufgrund geänderter Rahmenbedingungen vollständig aufgegeben werden, macht es dennoch Sinn, gemeinsam mit dem Mitarbeiter Bilanz ziehen:

- Wo steht der Mitarbeiter in der Zielerreichung?
- Was ist gut gelaufen, was weniger?
- Was kann aus dem Bisherigen gelernt werden?

Dieses Bilanzziehen braucht nur wenig Zeit und hilft dem Mitarbeiter, das eine Thema gedanklich abzuschließen und sich auf das Neue vorzubereiten.

Effektives Feedback geben

Beim unterjährigen Kontrollieren steht die Unterstützung des Mitarbeiters bezüglich seiner Zielerreichung bzw. der Optimierung seiner Arbeitsleistung im Vordergrund. Dabei ist eine Kommunikationstechnik von entscheidender Bedeutung: das Feedback. Durch Feedback ist es möglich, Selbstbild und

Fremdbild abzugleichen. Die Wirksamkeit hängt allerdings stark von der Art und Weise ab, wie Sie Feedback geben und davon, wie hoch die Bereitschaft zu Offenheit bei Ihnen und die Kritikfähigkeit auf Seiten des Mitarbeiters ist.

Feedback als Chance zur Entwicklung

Nutzen Sie Ihr Feedback als Personalentwicklungsmaßnahme. Indem Sie Ihrem Mitarbeiter Rückmeldung zu seinem Verhalten geben und gemeinsam Entwicklungswege für die Zukunft suchen, hat dieser die Möglichkeit, seine Persönlichkeit noch stimmiger einzusetzen.

Hier ist das Modell des Johari-Fensters hilfreich, das die Veränderungen von Selbst- und Fremdwahrnehmung darstellt.

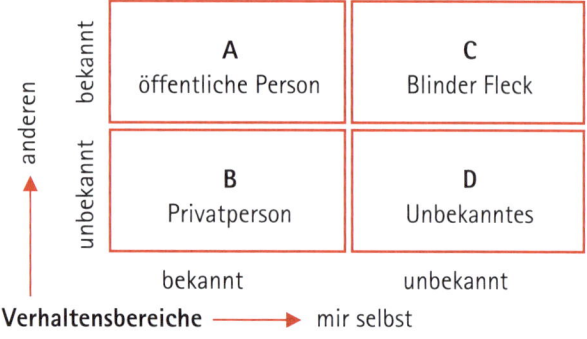

Das Johari-Fenster

Quadrant A: Die „öffentliche Person" umfasst alles, was sowohl mir als auch dem anderen bekannt oder wahrnehmbar ist.

Quadrant B: Im Feld der „privaten Person" liegt der Bereich meines Verhaltens, der zwar mir bekannt und bewusst ist, den ich anderen aber nicht zeigen möchte.

Quadrant C: Hier befindet sich der „Blinde Fleck" in meiner Selbstwahrnehmung, d. h. der Teil des Verhaltens, der für andere sichtbar und erkennbar ist, mir selbst hingegen nicht bewusst ist.

Quadrant D: Dann gibt es noch Verhaltensweisen und Charakterzüge, die weder mir noch anderen bewusst sind. Diese fallen in den Quadranten des „Unbekannten".

Vorteile von Feedback

Mit einem ehrlichen, konstruktiven Feedback geben Sie Ihrem Mitarbeiter die Möglichkeit, seinen „Blinden Fleck" zu verkleinern, mit dem Ziel, den Anteil der öffentlichen Person zu vergrößern. Denn dort ist man im Kontakt mit anderen am authentischsten und kongruentesten in seinem Verhalten und seiner Außenwirkung.

Mit ehrlichem und konstruktivem Feedback unterstützen Sie daher aktiv die persönliche Entwicklung Ihrer Mitarbeiter, indem Sie positive Verhaltensweisen durch Anerkennung unterstützen und fördern und wenig hilfreiche korrigieren.

Offenes Feedback stärkt den Zusammenhalt im Team und trägt damit zur Erreichung der Team-Ziele bei.

> Achten Sie darauf, dass Sie Ihrem Mitarbeiter nicht nur negatives Feedback geben. Positive Rückmeldungen führen zu einer starken Motivation, dieses positive Verhalten öfters einzusetzen.

Feedback kann sowohl *formell* (offiziell als vereinbartes 4-Augen-Gespräch) als auch *informell* (spontan und unangekündigt) erfolgen. Wenn Ihnen spontan ein Verhalten als störend oder verbesserungswürdig auffällt, ist es sinnvoll, es direkt anzusprechen. Achten Sie dabei darauf, dass Sie mit dem Mitarbeiter ungestört sind, denn ein öffentliches Feedback kommt einem „Aburteilen" gleich. Für umfangreicheres Feedback sollten Sie sich allerdings mehr Zeit nehmen und einen Termin in Ihrem Büro vereinbaren.

Geben Sie Feedback in vier Schritten

Feedback in vier Schritten
⬇ 1 Beobachtbares Verhalten benennen
⬇ 2 Was macht das mit mir? Wirkung beschreiben
⬇ 3 Die Sicht des anderen erfragen
4 Gemeinsam Lösungen suchen

1 **Beobachtetes Verhalten benennen**

Schildern Sie ganz konkret, welches Verhalten Sie beobachtet haben, was Sie gesehen oder gehört haben. Als Hilfestellung dazu: Stellen Sie sich vor, die Situation wäre auf Video aufgezeichnet worden. Was würden Sie auf der Kassette sehen und hören?

In diesem Schritt ist es besonders wichtig, nicht zu interpretieren, sondern das tatsächlich beobachtbare Verhalten zu schildern. Also statt "Sie haben schlampig gearbeitet", schildern Sie, was Sie tatsächlich beobachtet haben: "In Ihrer Aufstellung fehlen die Zahlen von Kunde X".

Dieser Schritt dient dazu, eine gemeinsame Ausgangsbasis zu schaffen. Ziel ist es, ein innerliches "JA" bei Ihrem Gegenüber auszulösen. "Ja, das stimmt, die Zahlen fehlen". Beziehen Sie sich dabei auf das Verhalten, nicht auf die Persönlichkeit Ihres Gegenübers.

2 Was macht das mit mir? Wirkung beschreiben

Im zweiten Schritt geht es darum, dem Gegenüber mitzuteilen, welche Wirkung sein Verhalten auf Sie hat. Hier teilen Sie dem anderen etwas über Ihre Gefühle, Werte und Gründe mit. Formulieren Sie diese Wirkung als Ich-Botschaft: Also statt "Ihre Schlamperei nervt", besser "Ich bin genervt, weil ich dann denke, ich muss all Ihre Zahlen nochmals überprüfen und das kostet mich viel Zeit." Zugegeben: das ist weit umständlicher und langwieriger. Aber Sie vermeiden, dass der andere als Reaktion in eine Abwehrhaltung gehen muss.

3 Die Sicht des anderen erfragen

Nun fragen Sie Ihren Gegenüber nach seiner Sicht der Dinge. Wie hat er die Situation wahrgenommen? Wie sieht er die Dinge? Hier kann es zu Rechtfertigungen und Erklärungsversuchen des Mitarbeiters kommen. Dann sind zwei wichtige kommunikative Fähigkeiten hilfreich: Fragen und Aktives Zuhören (siehe Seite 45 und 49).

4 Gemeinsam Lösungen suchen

Im letzten Schritt machen Sie sich entweder gemeinsam auf die Lösungssuche oder aber Sie formulieren einen klaren Wunsch oder eine klare Erwartung.

Je nachdem, wie oft Sie bereits mit Ihrem Mitarbeiter zu einem bestimmten Verhalten ein Kritikgespräch geführt haben, wird der 4. Schritt unterschiedlich ausfallen. Bei den ersten beiden Gesprächen verhalten Sie sich kooperativ und unterstützend. Erst wenn Sie merken, dass Ihr Entgegenkommen auf wenig Veränderungsbereitschaft beim Mitarbeiter stößt (kurz: sich am kritisierten Verhalten nichts ändert) – dann werden Sie in Schritt 4 nicht mehr gemeinsam eine Lösung suchen. Dann ist es nötig, klare Grenzen zu setzen, dem Mitarbeiter deutlich zu verstehen zu geben, dass Sie sein Verhalten nicht länger akzeptieren. Dann sollten Sie ihm Ihre Erwartungen klar mitteilen, im Sinne von: was Sie bis wann von ihm erwarten und dass er anderenfalls mit Konsequenzen zu rechnen hat.

Beispiel für Feedback

 Wir hatten bei Ihrer letzten Beurteilung ein Ziel bezüglich Ihres Serviceverhaltens gegenüber Kunden festgehalten. Dazu würde ich Ihnen gerne ein Feedback geben. Als ich gestern an Ihrem Schreibtisch stand und wir kurz über das Projekt X sprachen, kam ein Anruf herein. Herr Maier bat Sie anscheinend um Unterlagen und sie haben ihm diese herausgesucht und per Mail geschickt. Ich stand in der Zeit neben Ihnen und habe gewartet, bis Sie fertig waren.

Das hat mich ein wenig geärgert, denn erstens war das für mich verlorene Zeit und zweitens hatte ich aufgrund Ihrer Fragen den Eindruck, dass Sie sich danach erst wieder in unser Thema hineindenken mussten.

Ähnliches ist mir bereits mehrmals bei Ihren Kundengesprächen aufgefallen: Sie haben sich unterbrechen lassen und den Kunden warten lassen. Und mussten danach erst wieder zum Anliegen des Kunden zurückfinden.

Ich würde mir für die Zukunft wünschen, dass Sie entweder auf den Anrufbeantworter umstellen oder dem Anrufer anbieten, ihn zurückrufen, um sich ungestört dem Kunden weiter widmen zu können.

So geben Sie wirksames Feedback

- Geben Sie Feedback möglichst zeitnah. Bereits nach ca. einer Woche ist es schwierig, sich an das eigene Verhalten genau zu erinnern.

- Überprüfen Sie Ihre Motivation für das Feedback: Ist Ihr Feedback für den anderen hilfreich, oder wollen Sie nur Aggressionen loswerden?

- Feedback beschreibt Wahrnehmungen. Aussagen wie „Sie machen sich ständig nur wichtig" sind Interpretationen und wenig hilfreich.

- Seien Sie konkret in Ihrem Feedback! Sagen Sie nicht allgemein: „Sie sind immer so rechthaberisch". Sagen Sie konkret, was Sie hier und jetzt an Ihrem Gesprächspartner wahrnehmen: „Sie haben mich jetzt zweimal hintereinander unterbrochen...".

- Wie ist Ihre Stimmung, sind Sie emotional aufgewühlt und sollten daher besser noch 15 Minuten warten, bevor Sie ein faires und sachliches Feedback geben können?

- Gibt es einen ruhigen Ort, an dem Sie ungestört sind? Dies ist besonders wichtig, wenn es sich um ein ausführliches Feedback handelt

Auf einen Blick: Wirksam kontrollieren und motivieren

- Durch regelmäßige Rückfrage und Kontrolle können Sie Ihre Mitarbeiter motivieren, weil Sie dadurch immer wieder die Ziele und Maßnahmen klären und konkretisieren.

- Wenn die Zielerreichung in Gefahr ist, überprüfen Sie die Ursachen sowie die Möglichkeiten darauf zu reagieren.

- Geben Sie Ihren Mitarbeitern Feedback in vier Schritten: Bennennen Sie das beobachtete Verhalten, beschreiben Sie dessen Wirkung, fragen Sie nach der Sicht Ihres Mitarbeiters und suchen sie gemeinsam einen Lösungsweg.

Stichwortverzeichnis

Bibliografische Information der Deutschen Bibliothek
Die Deutsche Bibliothek verzeichnet diese Publikation in der Deutschen Nationalbibliografie; detaillierte bibliografische Daten sind im Internet über http://dnb.ddb.de abrufbar.

ISBN 978-3-448-09122-9
Bestell-Nr. 00982-0001

© 2008, Rudolf Haufe Verlag GmbH & Co. KG, Niederlassung Planegg b. München
Postanschrift: Postfach, 82142 Planegg
Hausanschrift: Fraunhoferstraße 5, 82152 Planegg
Fon (0 89) 8 95 17-0, Fax (0 89) 8 95 17-2 50
E-Mail: online@haufe.de
Internet: www.haufe.de
Redaktion: Jürgen Fischer

Gesamtbetreuung: Sylvia Rein, 81371 München
Lektorat und DTP: Ulrich Leinz, 10829 Berlin; Sylvia Rein, 81371 München
Umschlaggestaltung: Kienle gestaltet, 70178 Stuttgart
Umschlagentwurf: Agentur Buttgereit & Heidenreich, 45721 Haltern am See
Druck: freiburger graphische betriebe, 79108 Freiburg